Las pandemias

Fernando Valladares

CSIC

CATARATA

Colección ¿Qué sabemos de?

Catálogo de publicaciones de la Administración General del Estado:
https://cpage.mpr.gob.es

© Fernando Valladares, 2024
© CSIC, 2024
http://editorial.csic.es
publ@csic.es
© Los Libros de la Catarata, 2024
Fuencarral, 70
28004 Madrid
Tel. 91 532 20 77
www.catarata.org

ISBN (CSIC): 978-84-00-11355-1
ISBN ELECTRÓNICO (CSIC): 978-84-00-11356-8
ISBN (CATARATA): 978-84-1067-181-2
ISBN ELECTRÓNICO (CATARATA): 978-84-1067-182-9
NIPO: 155-24-227-3
NIPO ELECTRÓNICO: 155-24-228-9
DEPÓSITO LEGAL: M-26.007-2024
THEMA: PDZ/MKFM

Índice

Una historia inacabable

Solo hay dos frenos para el ser humano actual: los límites planetarios y los agentes infecciosos (virus, bacterias, hongos y protozoos, fundamentalmente), y los dos están muy relacionados. Lejos, muy lejos le queda a la humanidad la sensatez para autolimitarse en un planeta finito. Habiendo acabado con una buena parte de los predadores y, por supuesto, con los competidores más directos, como fueron las otras especies de humanos, al *Homo sapiens* del siglo XXI solo le frenan las pandemias, el cambio climático y la degradación ambiental que él mismo crea. Es paradójico que a la especie elegida y a su civilización más tecnificada y gloriosa, cargada de conocimiento y posibilidades, le estén parando los pies las formas más primitivas y elementales de vida, con las que lleva coexistiendo y a las que lleva intentando evitar miles de años. ¿Bendición o maldición? Muy difícil de saber.

La covid-19 ha sido la primera pandemia del siglo XXI y, por desgracia, no será la última. No solo porque los patógenos, una vez dan con el ser humano, no le abandonan nunca, sino porque hubo tanto que aprender que no quisimos ni pudimos aprenderlo todo. Y no me refiero a cuestiones técnicas o científicas sobre virus, contagios y vacunas, que también, sino a cuestiones sociales, humanas, culturales, políticas y emocionales. Del cóctel de información y sentimientos, de protocolos sanitarios y valores humanos, que supuso enfrentar una gran infección global surgieron tantas dudas como avances, tantas luces como sombras. Años después estamos entendiendo algunos efectos raros a largo plazo de la vacunación, como la llamada covid persistente o crónica que está relacionada con haber padecido la enfermedad. Diversos equipos científicos y médicos estudian la extraña relación entre recibir una vacuna contra el virus y desarrollar efectos secundarios parecidos a la covid persistente, algo que se denomina síndrome *long vax*.

Hablar de efectos secundarios o adversos de la vacunación contra la covid-19 habría sido muy contraproducente en 2021 o 2022, ya que hubiera podido reducir la aceptación de las vacunas, y a fecha de hoy es indiscutible que han salvado millones de vidas. Pero, como dice Javier Sampedro (2023), ya es hora de pasar página. Dejarnos influir por el miedo a los efectos impredecibles de las redes sociales no es la mejor estrategia. Bulos y teorías conspiranoicas se contrarrestan con datos, estudios, argumentos e hipótesis.

A nadie le gusta la idea de morir antes de tiempo o de sufrir fiebre y penalidades. Pero sin un mínimo equilibrio con el entorno, el riesgo es alto. Solemos pagar muy caras nuestras tropelías ambientales. Degradar ecosistemas aumenta los riesgos de zoonosis, es decir, de saltos de patógenos animales al ser humano. La contaminación atmosférica nos perjudica la salud de muchas formas, y al menos en dos de ellas intervienen virus y bacterias: se ha visto que las pequeñas partículas contaminantes llamadas PM 2.5 transportan virus a larga distancia y, lo que podría ser mucho peor, contribuyen a aumentar la resistencia bacteriana a los antibióticos. Esta resistencia, que ya genera más muertes que la malaria o el sida, se correlaciona significativamente con la contaminación del aire de las ciudades, hasta el punto de que se estima que casi medio millón de personas murieron prematuramente solo en 2018 por la resistencia a antibióticos inducida por la contaminación atmosférica (Zhou *et al.*, 2023). Aún no se conocen bien los mecanismos implicados, pero se han encontrado genes de resistencia a antibióticos viajando en estas partículas PM 2.5.

Parecería que los virus y las bacterias nos están mostrando el camino, ya que conservar ecosistemas funcionales y ricos en especies reduce de forma drástica las principales enfermedades emergentes de nuestro tiempo, las zoonosis. Del mismo modo, disminuir globalmente la contaminación atmosférica de las ciudades para no sobrepasar los umbrales recomendados por la Organización Mundial de la Salud (OMS) reduciría un 16% la resistencia a antibióticos y hasta una cuarta parte de las muertes debidas a esta resistencia para el año 2050. Quizá podríamos escuchar estos mensajes y mantener en orden nuestro planeta, aunque solo fuera para aplacar el azote de los virus y microorganismos.

Los virus y las bacterias nos han hecho lo que somos, los llevamos muy dentro, en nuestros propios genes, y son ellos los que siguen desafiando nuestra biología y nuestra ciencia. Son ellos los que nos ajustan al ritmo de un planeta al que le hemos cambiado demasiadas veces el paso. Si la convivencia con jaguares o tiburones es difícil, si el ser humano solo se lleva bien con esas pocas especies a las que esclaviza o gestiona para su propio beneficio, ignorando o erradicando a la mayoría restante, plantear la convivencia con organismos microscópicos que desestabilizan imperios es poco menos que impensable. Pero más vale que vayamos practicando porque, nos guste o no, la coexistencia con los microbios va para largo. El lado maldito de los microorganismos es evidente, pero su lado bendito, mucho menos obvio, puede mejorarnos el humor: las bacterias no solo nos ayudan a hacer la digestión, sino que establecen una imprescindible comunicación bidireccional entre el intestino y el cerebro. Es muy duro admitir que los necesitamos, y más duro aún aceptar que podrían ser cruciales para volver a civilizarnos, esta vez encajando nuestra civilización dentro de los límites naturales del planeta. Cuanto antes lo entendamos y lo admitamos, más dulce será la convivencia con estos seres minúsculos que, por mucho que nos empeñemos, nunca terminaremos de erradicar.

CAPÍTULO 1

Lecciones históricas

La revolución neolítica cambió nuestro genoma, nuestra relación con los patógenos y nuestro sistema inmune

Toda enfermedad infecciosa está causada por un agente, pero con frecuencia es la alteración del equilibrio entre el individuo y su entorno la que dispara la infección. Esta alteración es generada o simplemente aprovechada por un patógeno (virus, bacteria, protista u hongo) y, si se dan las circunstancias adecuadas, este salto del patógeno llega a escalar a buena parte de la población potencialmente infectable. Los cambios genéticos necesarios en patógenos de animales para convertirse en patógenos humanos comenzaron a operar a gran escala con la revolución neolítica. Esta revolución cambió muchos equilibrios entre los humanos y su entorno, ya que supuso el inicio de una actividad económica basada en la agricultura y la ganadería, y en el asentamiento en núcleos urbanos de tamaño y densidad crecientes. El virus de la viruela (*Variola virus*), por ejemplo, se originó en las poblaciones humanas en esa transición del Paleolítico al Neolítico.

Durante la transición hacia el Neolítico nuestro sistema inmunitario sufrió una serie de profundas transformaciones y adaptaciones, algunas de ellas debidas a nuestra promiscuidad sexual con otras especies humanas. Sabemos que todas las poblaciones actuales de *Homo sapiens* fuera de África presentamos en nuestro ADN un pequeño rastro de entre un 1% y un 3% de genoma neandertal (Green *et al.*, 2010). Dicho genoma provino de los cruces entre *Homo sapiens* y *Homo neanderthalensis* producidos antes de que empujáramos a esta última especie humana a la extinción. Ese genoma neandertal nos trae soluciones, pero también problemas (Sáez, 2015). Con la ayuda de ciertos genes neandertales, el sistema humano de antígenos leucocitarios (HLA) produce los receptores que reconocen agentes invasores peligrosos, dando lugar a una respuesta inmune adecuada ante ciertas infecciones. Los neandertales dotaron a los humanos modernos de una mejor inmunidad ante determinadas enfermedades locales.

Los genes de origen neandertal no pudieron ayudarnos más y mejor en nuestra transición a una economía neolítica sedentaria que nos pondría en contacto estrecho con una docena de animales domésticos portadores de todo tipo de patógenos. Los genes neandertales nos permitieron, además, una mejor adaptación al frío, pero también han traído consigo una mayor propensión a sufrir accidentes cardiovasculares, al síndrome de Down, a la esquizofrenia, al autismo, a la diabetes tipo 2, a la enfermedad de Crohn, al lupus y a la cirrosis biliar, así como ciertos riesgos en el parto. También parece que nuestro material genético de origen neandertal podría conferirnos una mayor predisposición a sufrir la covid-19 (Sáez, 2020). Pero sin duda le debemos a los neandertales una transición suave, inmunológicamente hablando, hacia los nuevos escenarios de contagios y zoonosis que se abrían con el Neolítico. Una transición mucho más segura que si hubiéramos contado exclusivamente con el material genético del hombre moderno.

Los virus y las bacterias siempre estuvieron ahí, marcando la historia

No es fácil resumir la influencia que los virus y las bacterias han tenido y aún tienen sobre el origen, el mantenimiento y la diversificación de toda la vida planetaria. Su impacto sobre el funcionamiento de la biosfera y las condiciones generales para la vida es sencillamente absoluto y global. Están en todos los sitios, siempre lo estuvieron. Marcaron nuestra historia y nuestra biología. En realidad, han marcado la vida y el destino de todas las especies que alguna vez poblaron la Tierra.

Benito Pérez Galdós, cronista meticuloso y sagaz de la realidad española del siglo XIX, vivió tres de las cuatro epidemias graves de cólera que cada diez o veinte años azotaron España en ese convulso periodo de su historia. Y como no podía ser menos, hizo un análisis detallado de los orígenes y de los impactos de una enfermedad cruel que atenazó a la sociedad de aquel entonces (Fernández, 1992). Así lo escribiría en 1885: "Las epidemias, por lo visto, sienten también su decadencia, como las razas reales y aun las plebeyas, lo cual sería un gran consuelo para la humanidad si la historia no nos enseñase que tras el acabamiento de una peste viene la aparición de otra".

El famoso médico griego Galeno describiría con inteligencia la peste antonina. Los paralelismos con lo que se ha vivido en la covid-19 casi dos mil años después son escalofriantes. A pesar de la inmensa distancia en el tiempo, en la cultura y en la tecnología, la pandemia de entonces y la de ahora resuenan con los mismos acordes de miedo e incertidumbre. En la Roma antigua, la gente no se atrevió a salir a la calle, se paralizó el comercio, murieron casi todos los legionarios y las fuerzas de seguridad, nacieron bulos y leyendas sobre el origen de la enfermedad y corrieron rituales y falsas medicinas para detener los contagios o recuperar a los enfermos. La huida apresurada del emperador Lucio Vero Antonino, portando ya la enfermedad que le acabaría matando, en lugar de ponerse en manos de Galeno, nos recuerda a las decisiones insensatas de colectivos y personalidades que se declararon antivacunas y antimascarillas durante la covid-19. Aquellos viajes y banquetes que realizaron desoyendo recomendaciones y eludiendo ordenanzas y autoridades serían repetidos por muchas personas durante los confinamientos de 2020 por la covid-19, incluso por importantes autoridades como Boris Johnson, entonces primer ministro de Reino Unido, que acabó teniendo que dimitir por sus fiestas ilegales en los momentos álgidos de la pandemia.

Marco Aurelio, a quien le tocó gobernar en tiempos de esta terrible enfermedad, decía: "No lo hagas si no es conveniente, no lo digas si no es verdad". Esta lección bien podría formar parte de las campañas de cualquier ministerio de Sanidad actual. Frente a sus contemporáneos, que abrazaron la magia y los ensalmos, Marco Aurelio creyó que la destrucción de la inteligencia que se vivía en esos tiempos de incertidumbre y desesperación era mucho más peligrosa que la propia peste. Algo muy parecido pensamos muchos de nosotros cuando escuchábamos las noticias durante la pandemia del coronavirus. Como uno de los gobernantes más honestos y coherentes de todo el Imperio romano, Marco Aurelio subastó sus propios bienes personales para hacer frente a los gastos sanitarios de la población que ya desbordaban las arcas del Estado. En esto no hay, por desgracia, muchas analogías con los tiempos modernos.

La peste antonina fue la primera que afectó globalmente al mundo occidental. El Imperio romano, extenso y conectado, fue la clave para el éxito del patógeno, que se vio puesto rápidamente en contacto con millones de huéspedes en los que pudo multiplicarse en muy poco tiempo. Pero, ante todo, la peste antonina ha sido uno de los principales eventos de salud que ha sufrido la humanidad, quizá al mismo nivel de la peste negra en el siglo XIV o la gripe española en 1918. Las fuerzas romanas bajo el mando del emperador Lucio Vero apenas pudieron hacer frente a los ataques de los partos en Armenia, en el extremo oriental del Imperio, porque un gran número de soldados sucumbieron a la enfermedad. En el otro extremo del mismo, muchas aldeas y ciudades españolas e italianas, así como multitud de provincias europeas, perdieron a la mayoría de sus habitantes. La enfermedad se propagó también por el norte hasta el Rin, donde los diezmados ejércitos romanos no fueron capaces de rechazar a los pueblos germanos y galos que atacaban las fronteras septentrionales del Imperio. La gran ofensiva contra la confederación de pueblos germánicos de los marcomanos se tuvo que aplazar hasta el año 169 debido a la escasez de tropas.

Los efectos de la peste antonina fueron más allá del impacto negativo en la demografía humana de la Antigüedad: afectaron a la sociedad, al sistema de creencias religiosas, al ejército y, por supuesto, a la economía. El reinado de Marco Aurelio constituyó un punto de inflexión especialmente en la literatura y el arte, y esta inflexión estuvo causada en buena medida por la peste. De hecho, el mundo antiguo nunca se recuperaría del golpe asestado por la peste (Sáez, 2016). Parece ser que fue viruela (*Variola mayor*), ya que el sarampión (*Morbillivirus*) se originaría un par de siglos después, como sugieren los estudios moleculares. Fuera lo que fuere, la catástrofe se llevó por delante a más de cinco millones de personas: más de un 10% de la humanidad de aquel entonces.

La humanidad actual, en la cúspide de su desarrollo tecnológico y con récords absolutos de demografía y dominio del planeta, ha sido puesta contra las cuerdas, una vez más, por una gran infección. En una época en que la tecnología parece capaz de controlarlo todo, una nueva enfermedad infecciosa reorganiza las prioridades, las urgencias y los temores de toda la sociedad. Ahora no ha sido una bacteria, un bacilo, como en el caso del cólera del siglo XIX que narraba Benito Pérez Galdós, sino un virus.

Las infecciones graves hacen avanzar a la humanidad, aunque a trompicones

Las enfermedades infecciosas supusieron un peligro mortal desde el principio de la humanidad, pero aumentaron su capacidad de diezmar rápidamente a la población humana una vez que esta optó por la sedentarización. Desde el cólera a la malaria, muchas epidemias han causado estragos de tal calibre que, de no haberse producido, la historia habría sido muy diferente. La plaga de Atenas del siglo V a. C., por ejemplo, acabó con la vida de su pensador y líder Pericles, y la peste de Babilonia terminó, posiblemente, con la de Alejandro Magno. Las pandemias han empujado nuestra historia y nuestra evolución como especie, y han supuesto siempre un desafío mayúsculo que ha forzado desarrollos sociales y tecnológicos sin precedentes. Sobre todo, las pandemias actúan como espejo de la sociedad que las padece, mostrando con terrible crudeza sus limitaciones para la cooperación y su cortoplacismo en las acciones y estrategias. Resulta evidente, por ejemplo, que el principal factor de riesgo en una pandemia del siglo XXI es ser pobre. En eso tampoco han cambiado mucho las cosas a lo largo de la historia, solo que ahora sabemos mucho mejor que las enfermedades nunca vienen solas y menos una pandemia. No se puede controlar por completo una infección global si solo se aborda la biología del patógeno y las respuestas de nuestro organismo a la infección. Es preciso llegar a los factores sociales relacionados con toda enfermedad grave y global. La pobreza, el acceso a la vivienda, la educación, el empleo, todo ello determina la salud de la población y la hace más resistente o más propensa a una infección.

Dice la escritora y activista hindú Arundhati Roy que "históricamente, las pandemias han obligado a los seres humanos a romper con el pasado e imaginar su mundo de nuevo. La covid-19 no es diferente. Es un portal, una puerta entre un mundo y el siguiente". Dicho de otro modo, cada gran emergencia sanitaria nos recuerda que es hora de volver a reinventarse, y la humanidad siempre ha sido capaz de hacerlo tras cada devastación vírica o bacteriana. Siempre hubo avances y renovación a partir de cada epidemia. La pandemia justiniana del siglo sexto contribuyó a la caída del Imperio romano, al fin de toda una época y al nacimiento de una nueva sociedad. La salud pública moderna surgió por las pandemias de la peste, que fueron la antesala del Renacimiento. Las pandemias de cólera, especialmente la que asoló Londres en 1854, harían surgir la epidemiología. Son solo algunos ejemplos.

Seis enfermedades infecciosas
que marcaron a la humanidad

No disponemos de un registro exacto y pormenorizado de todas las grandes enfermedades padecidas por la humanidad, sobre todo de las más antiguas, pero cada vez resulta más factible y preciso reconstruir lo que debió de pasar hace miles de años empleando técnicas moleculares y modelos estadísticos y epidemiológicos avanzados. Sabemos que estos contagios colosales han influido en nuestro modo de reproducirnos y de morir, en nuestro ideal de belleza, en la diversidad cultural y en el desenlace de muchas guerras. De entre todas las enfermedades infecciosas, destacan seis particularmente mortíferas que marcaron a la humanidad con especial crudeza.

La viruela. Causada por el virus *Variola mayor.* El último caso de contagio natural se diagnosticó en octubre de 1977. En 1980, la OMS certificó la erradicación de la enfermedad en todo el planeta. La viruela se debe a un virus que lleva afectando a la humanidad desde el Neolítico y que se calcula que ha matado a más de mil millones de personas a lo largo de estos miles de años de dura convivencia. Su nombre hace referencia a las pústulas que aparecen en la piel de quien la sufre. Fue una enfermedad grave y extremadamente contagiosa que llegó a tener tasas de mortalidad de hasta el 30%. Se expandió masivamente en el Nuevo Mundo cuando los conquistadores europeos empezaron a cruzar el Atlántico, afectando terriblemente a una población que no había estado expuesta y estaba indefensa ante estas enfermedades infecciosas.

Se desconoce el origen de la viruela, pero existen evidencias de su existencia en una época muy temprana: se han hallado restos en momias egipcias datadas del siglo III a. C. La enfermedad se propagó históricamente a través de brotes periódicos: en la Europa del siglo XVIII se estima que unas 400 000 personas morían cada año por viruela y un tercio de los supervivientes desarrollaba ceguera. Se calcula que solo en el siglo XX la viruela mató hasta 300 millones de personas y a 500 millones en sus últimos cien años de existencia.

Parece ser que en China, alrededor del siglo XVI, se usó una técnica primitiva de inoculación de la viruela para mitigar sus efectos. Europa adoptó esta práctica y en 1796 se creó la primera vacuna moderna contra la viruela, gracias a Edward Jenner. La Unión Soviética propuso a la OMS una campaña mundial para erradicar la enfermedad, y desde 1967 se intensificaron los esfuerzos para eliminarla con campañas masivas de vacunación, hasta certificar oficialmente su final en 1980. Se considera que la viruela es una de las dos únicas enfermedades infecciosas que el ser humano ha logrado erradicar, junto a la peste bovina, erradicada oficialmente en 2011.

Sin embargo, la humanidad ha perdido la inmunidad al virus de la viruela, lo cual abre un importante debate sobre la conservación de muestras del virus en los laboratorios. Ante un eventual escape o un posible ataque biológico, la capacidad de reacción de la industria y la consecuente vacunación mundial no serían lo bastante rápidas como para evitar la muerte de millones de personas.

La peste negra. Causada por la bacteria *Yersinia pestis*, se estima que ha provocado más de 200 millones de muertes en toda la historia. Golpeó Europa en distintas oleadas en el siglo XIV y fue conocida como muerte negra o peste bubónica. Mató al menos a un tercio de la población (unos 50 millones de personas) y se transmitía a través de parásitos que vivían en las ratas, otros roedores y en los propios humanos. Se cree que la epidemia empezó en Asia y se extendió hacia Europa aprovechando las rutas comerciales como la de la Seda.

Inicialmente se culpó a los judíos de envenenar los pozos hasta que, siglos más tarde, se pensó en las ratas como responsables de la pandemia. Pero las ratas también quedarían descartadas. Una investigación reciente dentro de un proyecto para reconstruir las rutas y las causas de las epidemias antiguas así lo ha demostrado. Según una profunda reconstrucción de tres modelos posibles (Dean *et al.*, 2018), el que mejor encaja con lo ocurrido hace 670 años se basa en los parásitos humanos como piojos y pulgas, sin necesidad de intermediación de las ratas. Un caso más de la gran diferencia entre lo posible y lo probable: las ratas pudieron ser las culpables, pero lo más probable es que no lo sean.

El sarampión. Causado por el virus MeV, un miembro del género *Morbillivirus*, está estrechamente relacionado con el virus de la peste bovina (RPV), que es un patógeno del ganado. Se cree que MeV ha evolucionado en un entorno donde el ganado y los humanos vivían muy cerca. La divergencia entre MeV y RPV se produjo alrededor de los siglos XI y XII. El resultado del estudio que lo muestra (Furuse *et al.*, 2010) es inesperado porque anteriormente se consideraba que la aparición de MeV había ocurrido en la era prehistórica.

Se estima que acabó con la vida de 200 millones de personas antes de que la vacuna se introdujera en 1963 y se generalizara su uso; cada dos o tres años se registraban epidemias de sarampión que llegaban a causar cerca de dos millones de muertes anuales. Las poblaciones no vacunadas enfrentan el riesgo constante de la enfermedad. Después de que las tasas de vacunación bajaran en el norte de Nigeria, a principios de los 2000, por cuestiones políticas y religiosas, el número de casos aumentó mucho y murieron cientos de niños. En 2005, un brote de sarampión en Indiana fue atribuido a niños cuyos padres se habían negado a la vacunación. A principio de los 2000, la controversia de la vacuna del sarampión en Reino Unido y una negligente conexión con el autismo provocó un regreso de las "fiestas del sarampión", en las que los padres infectaban a los niños con sarampión de manera deliberada para reforzar la inmunidad del niño. Esta práctica presenta muchos riesgos y ha sido completamente desaconsejada por las autoridades sanitarias. No existe evidencia científica de la hipótesis de que la vacuna del sarampión sea una causa del autismo, pero el daño ya está hecho y Reino Unido es responsable de un importante repunte de esta enfermedad a nivel global.

Los cinco países más reticentes a la vacunación del sarampión entre 2010 y 2017 han sido: EE UU, con casi tres millones de objetores, seguido de Francia, Reino Unido, Argentina e Italia, con medio millón de objetores cada uno. En 2019, la OMS calificó a estos grupos radicalizados como una de las principales amenazas para la salud mundial. En 2007, Japón se convirtió en un nido para el sarampión y en 2020 lo fue México.

La gripe española. La pandemia de gripe (o influenza) de 1918 probablemente infectó a entre un tercio y la mitad de la población mundial: más de 500 millones de personas. Mató entre 50 y 100 millones de personas en tan solo dos años, en plena Primera Guerra Mundial. Como contraste, las muertes de la Segunda Guerra Mundial sumaron alrededor de 60 millones. A diferencia de la covid-19, la gripe de entonces mataba sobre todo a los jóvenes. Sus catastróficas consecuencias fueron tales que durante la pandemia la esperanza de vida se redujo hasta los 31 años. Sería necesario remontarnos hasta finales del siglo XVII para encontrarnos con una esperanza de vida tan baja.

A pesar de que los primeros casos se dieron en EE UU en 1918, esta gripe fue bautizada como española porque en España, que se mantuvo neutral en la Gran Guerra, la información sobre la pandemia circulaba con libertad y se publicaba en los periódicos de la época, a diferencia de los demás países implicados en la guerra, que trataban de ocultar los datos por razones de estrategia y seguridad. Esta pandemia significó fracaso: por parte de la medicina, de la ciencia, de las autoridades civiles y militares, de los gobiernos y de toda la sociedad. Colectivamente, no controlaron ni pudieron contener el flagelo.

Se dice habitualmente que la historia la escriben los que ganan, pero este desastre no tuvo un ganador en cuyo interés se pudiera perpetuar una historia (Spinney, 2017; Tansey, 2017). Fue causada por el virus H1N1, que contiene genes de aves, y que es el causante de la gripe aviar y de la pandemia de gripe A de 2009.

La gripe asiática. El virus de la gripe A (H2N2), de procedencia aviar y registrado por primera vez en la península de Yunán (China), apareció en 1957 y en menos de un año se había propagado por todo el mundo, generando un millón de muertos. La OMS diseñaba cada año una vacuna destinada a paliar los efectos de las mutaciones de la gripe. A pesar de que los avances médicos con respecto a la pandemia de la gripe española contribuyeron a contener el avance de este virus, no se pudo evitar que provocara una pandemia rápida, imparable y muy letal. La gripe de Hong Kong, una nueva variante de la gripe A que también se originó en China, mataría a otro millón de personas en un año, apenas diez años después del brote de gripe asiática de 1957.

El sida. Se calcula que un mínimo de 35 millones de personas han muerto de sida en los más de 40 años de esta enfermedad vírica descubierta en 1981. Actualmente, unos 37 millones de personas la padecen, la mayoría con poco o nulo acceso al tratamiento, una auténtica plaga en países como Sudáfrica. El virus de la inmunodeficiencia humana (VIH) tiene una tasa de mortalidad del 80% si no se trata a tiempo: genera un agotamiento del sistema inmunológico, de modo que, aunque no es letal por sí mismo, sí lo son sus consecuencias, al dejar al organismo desprotegido frente a otras infecciones.

Su contagio se produce por contacto con fluidos corporales, una vía de transmisión menos contagiosa que la de otros virus como la gripe, pero el desconocimiento inicial permitió que se expandiera con mucha rapidez. El virus VIH deriva del virus de la inmunodeficiencia de los simios, también llamado VIS o SIV, un retrovirus hallado en al menos 45 especies de primates africanos, que no causa inmunodeficiencia en los primates que lo hospedan. En los chimpancés de África central se detectaron casi simultáneamente dos tipos de SIV muy similares: uno que afectaba al mono verde de los bosques de Sierra Leona y Ghana, y otro que afectaba a una segunda especie, el cercopiteco de nariz blanca, que habita en los bosques de Costa de Marfil, Liberia, Níger y Congo.

El intercambio genético entre estos dos virus en los chimpancés dio lugar a un nuevo virus de inmunodeficiencia. Aunque no se sabe con certeza cómo saltó de los simios al ser humano, lo más probable es que se trasmitiese alrededor de 1930, al entrar en contacto la sangre infectada de los monos con heridas y cortes de los hombres durante las cacerías. Por el momento no hay cura, aunque sí cuenta con tratamientos que pueden llegar a disminuir el virus hasta casi eliminarlo del organismo en los mejores casos (Larrazabal, 2011). El sida fue, además, en palabras de Pablo Martínez (2020), una "pandemia psicomediática": la primera pandemia surgida en los tiempos de la televisión. Uno de sus efectos más importantes fue la comunicación del miedo. La irrupción del sida en los años ochenta del siglo XX estuvo marcada por la desinformación, los rumores y la criminalización y estigmatización de colectivos homosexuales y del mundo del arte. El sida, junto al avance del neoliberalismo, truncó de golpe los avances sociales, emocionales y conceptuales que trajo la década de los setenta. Muchas formas de pensamiento libre en el arte y en la expresión y vivencia de la sexualidad quedarían profundamente alteradas por la enfermedad, y hubo que esperar varias décadas a que algunos traumas y discriminaciones pudieran ver la luz y fueran abordados no solo por los colectivos afectados, sino por la sociedad en su conjunto. Esto nos lo hace ver Élisabeth Lebovici (2020) en su relato alternativo de la historia del arte, con una mirada diferente y necesaria acerca de lo que supuso el sida.

La historia genera oportunidades que aprovechan virus y bacterias para reescribirla

A pesar de la renovada preocupación por las pandemias, nuestro talón de Aquiles sigue siendo que, en realidad, nunca hemos respondido a las preguntas fundamentales sobre nuestra historia pasada con ellas. Así de directo lo plantea la historiadora Monica Green, con su idea de que las enfermedades emergentes (mayoritariamente enfermedades infecciosas de origen animal o zoonosis, que se vuelven epidemias y pandemias) son, de hecho, historias re-emergentes (Green, 2020). Por eso es tan importante una revisión meticulosa del pasado ya que ahí se encuentran muchas claves de lo que ocurre hoy. En términos históricos hablaríamos de circunstancias que abren oportunidades a los patógenos. En términos ecológicos, de nichos cambiantes al referirnos a estas ventanas de oportunidad.

En antropología se destacan tres transiciones epidemiológicas a la hora de reconstruir nuestra relación histórica con las enfermedades infecciosas. La primera llegó de la mano de la cohabitación con animales en el Neolítico temprano. La domesticación inicial de plantas y animales trajo consigo una variedad de cambios para nuestra salud. Algunos, como una gama más limitada de opciones alimentarias debido a las inversiones agrícolas en unas pocas especies de plantas, trajeron déficits nutricionales; otros, como la domesticación y, por tanto, la convivencia con determinados animales, trajeron consigo una mayor exposición a organismos patógenos. Es lógico suponer que la transmisión de enfermedades se agravó, además, a causa de los asentamientos fijos cada vez más poblados. La primera transición epidemiológica vio, en general, aumentos dramáticos en la cantidad de alimentos disponibles y una mayor fecundidad entre las mujeres, lo que trajo un crecimiento demográfico y también aumentó la proporción de personas enfermas (morbilidad).

La segunda transición epidemiológica ocurrió en los siglos XIX y XX. La mejora de la higiene urbana, seguida de intervenciones médicas y de salud pública (ciencia nutricional, vacunas y luego antibióticos), permitió contener lo peor del déficit nutricional, la morbilidad y mortalidad por enfermedades infecciosas. La tercera transición epidemiológica supuso la erosión de muchas de estas ganancias demográficas, debido al aumento de las enfermedades metabólicas y al estilo de vida, la resistencia a los antibióticos de muchas bacterias y las enfermedades infecciosas emergentes. Es ahí donde estamos, con una salud muy amenazada y una lista creciente de patógenos que nos arruinan la fiesta del progreso.

Las pandemias o enfermedades de distribución mundial han sido siempre un producto de su época (figura 1). Aún no conocemos, por ejemplo, las circunstancias precisas de África oriental que dieron lugar, hace unos 4000 años, a las infecciones iniciales con el antepasado de los ocho linajes principales de tuberculosis, pero parece lógico que la propagación inicial de la tuberculosis por el océano Índico fuera resultado de la transición de esa región al comercio marítimo de larga distancia. Unos siglos antes, la irrupción de la peste en las poblaciones humanas hace unos 5000 años pudo haber sido una función de la domesticación del caballo, que demostraría ser el modo de transporte más rápido para la humanidad y también para el patógeno. Europa cambió drásticamente durante la Edad del Bronce, con grandes fluctuaciones de población generalmente atribuidas al auge de nuevas tecnologías de metales, al comercio y a los cambios en el clima. Pero los científicos creen que estas fluctuaciones poblacionales se explican por otra razón tan o más importante: la peste, transportada por los caballos recién domesticados y por sus jinetes. La perpetuación hasta el siglo XX de la peste como una amenaza en Eurasia y África está claramente ligada a actividades humanas tan mundanas como el envío a larga distancia de granos y cereales.

La estrecha conexión entre el patógeno y los nuevos nichos ecológicos que vamos creando los humanos, y que varían mucho a lo largo de la historia de la humanidad, es particularmente evidente en el caso del cólera. Se cree que el cólera (*Vibrio cholerae*) proviene del delta del Ganges y que puede haber estado afectando a las poblaciones del mismo durante miles de años. Sin embargo, el cólera no sería una pandemia hasta el siglo XIX, cuando los proyectos ambientales masivos de los británicos alteraron los hábitats locales en la India, creando canales y luego ferrocarriles que abrieron nuevas vías para que la enfermedad aprovechase a los humanos como red y se propagara por todo el mundo. Se han identificado siete pandemias de cólera diferentes en el registro historiográfico, y ahora toca revisarlas e interpretarlas mediante el análisis genético de las diferentes cepas que emergieron en cada momento.

FIGURA 1
Los microbios y virus han evolucionado en el seno de ecosistemas complejos, ricos en especies e interacciones biológicas y ecológicas. Los cambios ambientales inducidos por el ser humano, en especial la degradación y la pérdida de hábitats naturales, han incrementado la frecuencia de contactos nuevos entre distintos animales (incluyendo la especie humana y sus animales domésticos), provocando un aumento del riesgo de zoonosis. La globalización difunde las adaptaciones de los patógenos al ser humano y convierte en pandemias las infecciones locales.

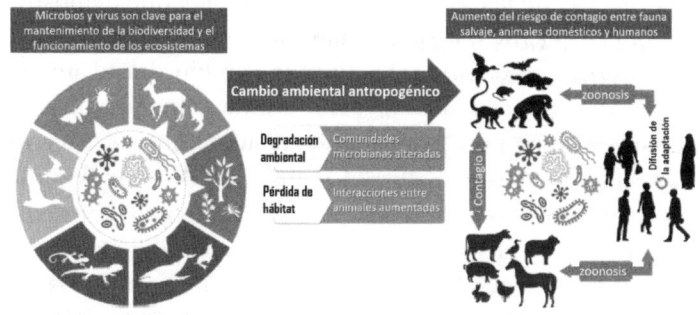

FUENTE: IPIBES (2020).

Un episodio tan dramático como revelador de las interconexiones entre la historia humana y las enfermedades infecciosas es el que tuvo lugar en los siglos XVI y XVII con la unificación microbiana mundial. El llamado intercambio colombino que trasladó las enfermedades infecciosas europeas y africanas a las Américas con los conquistadores europeos está muy bien documentado, al igual que sus vínculos con los trastornos humanos masivos derivados de la esclavitud transatlántica. Aunque los detalles de las enfermedades concretas que estuvieron involucradas en los principales eventos de mortalidad por contactos entre indígenas y europeos aún no se han confirmado paleogenéticamente (la viruela y el sarampión son claros candidatos), sí existe evidencia genética de la presencia en el México del siglo XVI de enfermedades africanas como la frambesia (*Treponema pallidum* subsp. *pertenue*), la hepatitis B y enfermedades europeas como *Salmonella enterica* subsp. *enterica*, causante de una fiebre aguda, sistémica y a menudo letal (Green, 2020).

Tal como defiende Monica Green y otros historiadores modernos, las enfermedades idóneas para la expansión a gran escala son las que han explotado mejor las redes y los comportamientos globales de los humanos en un periodo y un contexto social, histórico, antropológico y ecológico concreto. Este reconocimiento marca una nueva agenda para los campos de la salud global y la historia de la medicina.

Algunos apuntes sobre la covid-19, la primera pandemia del siglo XXI

Mientras hoy día en Japón una persona confía en vivir 84 años, en Sierra Leona no aspira a vivir más de 50, y estas diferencias se deben, sobre todo, al impacto de las enfermedades infecciosas. Hemos extinguido o reducido a los predadores que nos amenazan, pero los virus y las bacterias siguen ahí, constituyendo de hecho el principal mecanismo biológico que regula las poblaciones humanas. Los microbios nos regulan, a pesar de que tengamos conocimientos y tecnologías para evitarlo.

La crisis del coronavirus es por tanto un resultado lógico y esperable a la luz de principios ecológicos, epidemiológicos y demográficos básicos. Hoy sabemos bastante bien por qué ocurren las pandemias: resumiendo mucho, ocurren porque nuestro planeta está sobrepoblado, sobreexplotado y sobreconectado. Destruimos los bosques y nos exponemos a los patógenos que han coexistido con los animales salvajes dentro de esos mismos bosques durante milenios. Cuando un patógeno logra establecerse en el cuerpo de un ser humano tiene a su disposición a 8000 millones de seres humanos susceptibles y miles de oportunidades para cruzar el planeta de una punta a otra cada día.

Por poner al coronavirus SARS Cov-2 (el agente causante de la covid-19) en el contexto de otras enfermedades infecciosas, conviene recordar que ha causado en un año muchas menos muertes que las que causaba el sarampión antes de descubrirse la vacuna, y menos de la décima parte de muertos que dejó anualmente la gripe española durante los dos años que afectó masivamente a la población humana. Su desarrollo y su rápida globalización han sido aterradores, pero la humanidad se ha enfrentado y ha sobrevivido a mortalidades mucho mayores. Este coronavirus es muy infeccioso, pero mucho menos letal que algunos de los terribles patógenos que lo antecedieron. No tenemos inmunidad contra el SARS Cov-2 y todo esto lo convierte en una indiscutible amenaza con la que apenas estamos empezando a convivir. Los patógenos rara vez desaparecen del todo, así que la covid-19 ha venido para quedarse.

La historia eterna de la malaria o cómo el mosquito y el plasmodio se ríen de nosotros

El manual *Historia natural de la enfermedad infecciosa* de Burnet y Davis contiene una afirmación tajante y optimista que se demostraría incorrecta: "… se puede decir que la primera mitad del siglo XX marca el final de una de las más importantes revoluciones sociales de la historia: la virtual eliminación de las enfermedades infecciosas como un factor significativo de la vida social". No solo no se han eliminado las enfermedades infecciosas a lo largo del siglo pasado, sino que han ido creciendo en número y peligrosidad. Un caso particularmente paradigmático es la malaria, un azote que hemos pensado una y mil veces que pronto estaría controlado. La malaria (del italiano 'aire malo', también conocida como paludismo, de la palabra latina *palude*, 'ciénaga', refugio habitual de la enfermedad) no ha parado de crear problemas graves en las zonas tropicales de todo el mundo, especialmente en África. Ahora el cambio climático la está expandiendo a zonas menos cálidas. Los números son escalofriantes: más de la mitad de toda la población humana corre el riesgo de contraer malaria.

La malaria está producida por protozoos parásitos del género *Plasmodium* y se trasmite al ser humano por las picaduras de las hembras de varias especies de mosquitos del género *Anopheles*. Parece que pudo haberse transmitido a los humanos a través de los gorilas occidentales. Sabemos que ha infectado al *Homo sapiens* durante más de 50 000 años, siendo un patógeno debilitante y con frecuencia mortal. Las personas que viven en zonas endémicas de malaria desarrollan una inmunidad parcial. La malaria fue tratada en tiempos históricos con la corteza del árbol *Cinchona*. El efecto antipalúdico de este árbol peruano era bien conocido por las culturas antiguas y los jesuitas introdujeron su uso contra la malaria en Europa hacia 1640. En 1820 se identifica la quinina como el ingrediente activo de este árbol. A finales del siglo XIX se comprendió por fin el ciclo del plasmodio, que pasa una fase en la sangre del ser humano y otra en la linfa del mosquito, pero no sería hasta 1980 que se pudo observar una forma latente hepática del parásito (el hipnozoito), lo cual permitió explicar que algunas personas que se daban por curadas recaían años después de que el parásito hubiese desaparecido de su circulación sanguínea.

La malaria, que llegó a plantearse como arma biológica durante la Segunda Guerra Mundial, no ha podido ser controlada nunca, ya que tanto el plasmodio como el mosquito logran eludir las trampas químicas que el ser humano le va tendiendo. Insecticidas muy tóxicos como el DDT o la clotianidina levantaron esperanzas, pero el mosquito las fue disipando al adquirir tolerancia y resistencia. Fármacos como la cloroquina vinieron a sustituir a la costosa quinina de origen natural, pero su eficacia contra el plasmodio nunca fue completa. En la actualidad se plantean campañas que combinan insecticidas contra el mosquito, mallas en las ventanas para evitar que entren al interior de las viviendas y diversos fármacos que ayudan a controlar y en algunos casos eliminar la enfermedad. Varios tipos de vacunas han sido desarrollados sin mucho éxito hasta la fecha.

En 2015, la Asamblea Mundial de la Salud aprueba la Estrategia Técnica Mundial contra la Malaria 2016-2030. Se pretendía que para 2030 se redujera en un 90% la carga de mortalidad por esta enfermedad. Pero llegó la covid-19 y todo cambió. A medida que los países se fueron cerrando por la pandemia, se dispararon la violencia de género y el desempleo, y el acceso a la salud para los más pobres cayó en picado. La covid-19 hizo que la gente acudiera menos a la sanidad por miedo a infectarse. Los fallecimientos por malaria, que habían comenzado a bajar y andaban en torno al medio millón de personas anuales antes de la pandemia, subieron a 800 000. El juego evolutivo del plasmodio y del mosquito sigue más vivo que nunca, amenazando a una de cada dos personas del mundo. El optimismo de Burnet y Davis nos hizo casi sonreír, pero el de la estrategia mundial para un mundo sin malaria nos hiela la sonrisa.

CAPÍTULO 2

La batalla biológica

La increíble defensa de nuestro organismo ante una infección recuerda a una partida de ajedrez

Tarde o temprano, un humano, como cualquier otro animal o planta, entra en contacto con un virus o una bacteria que lo enferman al usar su cuerpo para reproducirse. Pero antes de sucumbir a una enfermedad infecciosa, el cuerpo invadido interpone numerosas barreras defensivas y reacciona activamente para contener al invasor. A su vez, el éxito de cualquier patógeno depende de su habilidad para eludir las respuestas del huésped. Tan larga ha sido la exposición humana a distintos tipos de patógenos que nuestro organismo ha desarrollado toda una batería de mecanismos de defensa a corto y largo plazo, algunos de una eficacia casi total y otros que simplemente se limitan a reducir la peligrosidad de la enfermedad y la virulencia de sus síntomas. No siempre está claro qué mecanismo será el que determine el éxito, ya que este depende de muchas circunstancias que incluyen, pero no se limitan, a la naturaleza y el vigor del invasor.

La respuesta biológica de los humanos ante las infecciones implica, por supuesto, al sistema inmunológico, compuesto por un variado ejército de células diferentes, cada una con capacidades y funciones particulares, todas ellas finamente integradas entre sí. Pero el sistema inmune, cuyo nombre deriva de la palabra latina de uso militar *immunire* ('defender desde dentro'), no actúa solo. Ni mucho menos. La respuesta inmunológica "desde dentro" se combina con varias trampas antipatógenos y con otras respuestas internas: las de nuestros propios microorganismos simbióticos. Todos esos virus y bacterias que viven en nuestro interior y que nos ayudan a hacer la digestión, estar de buen humor y tantas otras cuestiones indispensables, también reaccionan ante los extraños y colaboran para lograr su control y erradicación. La invasión de nuestro cuerpo por entidades microscópicas genera, por tanto, toda una respuesta sistémica, compleja y coral[1]. De hecho, la respuesta es tan sofisticada y diversa que cada poco tiempo nos sorprenden nuevas investigaciones con descubrimientos inesperados.

La primera línea de defensa son las barreras físicas, químicas y biológicas: la piel y todas las superficies mucosas del organismo, sus tejidos, humores y líquidos, así como las moléculas que contienen. En la partida de ajedrez que supone la entrada de un patógeno en el organismo, esta primera línea de defensa equivale a los peones, cuya función es expulsar las piezas del adversario del centro y de los puntos cruciales de juego. La tos, los estornudos, las lágrimas, la orina y el sudor son un primer intento de deshacerse de invitados no deseados. Las vías respiratorias están revestidas de una sustancia pegajosa bien conocida, el moco, y debajo hay cilios, unas minúsculas estructuras con forma de pestañas que generan movimientos de partículas. Un sistema presente en todo el reino animal. Sus dos componentes cooperan para generar una auténtica cinta transportadora: el moco atrapa la suciedad y los cilios mueven el moco hacia atrás a través de la nariz y la boca. Es lo que se conoce como barrido mucociliar y arrastra fuera del organismo a la gran mayoría de sustancias extrañas y a muchos invasores potenciales.

---

1. Resulta muy interesante y prolija la entrada sobre el sistema inmunitario en Wikipedia, disponible en https://lc.cx/PEkbIt.

Ahora sabemos que el barrido mucociliar funciona peor con el frío, lo que aumenta nuestra vulnerabilidad invernal a enfermedades respiratorias. Cuando el frío es además seco, la cinta de transporte funciona todavía peor, porque el moco se deseca y se interrumpe su función. Además, el frío favorece la preservación de virus y bacterias y disminuye la actividad bioquímica de los tejidos que podrían eliminarlos. La inhalación de aire frío provoca el enfriamiento del epitelio nasal, y esta reducción de la temperatura nasal es suficiente para disminuir varias defensas respiratorias contra la infección, desde la depuración mucociliar hasta la actividad fagocítica de los leucocitos. Cuando las vías respiratorias están frías, sus células producen, por ejemplo, menos interferón, un tipo de proteínas que da la voz de alarma cuando hay un invasor y llama a las células inmunes a escena.

Por todas estas razones es muy recomendable cubrirse la nariz con bufandas y pañuelos durante el invierno, y por esas mismas razones los *Homo sapiens* de narices grandes, capaces de calentar mejor el aire, se vieron favorecidos durante su evolución en climas templados y fríos. Así, las grandes narices del grupo étnico caucásico son eficaces calentando el aire que va a los pulmones y dificultando el éxito de las infecciones respiratorias.

La importancia de la nariz se puso de manifiesto en la propia covid-19: perder el olfato fue uno de los síntomas diferenciales de esta infección y ya nos estaba dando una pista de por dónde actuaba el virus. Desde el principio de la pandemia se pudo determinar que el coronavirus se propaga por el sistema nervioso desde la mucosa olfativa y que desde allí puede entrar directamente al cerebro sin entrar en el torrente circulatorio. Recientemente se ha demostrado el papel de la grasa, en concreto de pequeños cuerpos lipídicos del interior de las células, como otra barrera más ante el avance de virus y bacterias.

La piel y el tracto respiratorio secretan péptidos (parientes pequeños de las proteínas) como las defensinas, que son antimicrobianas, igual que las enzimas lisozima y fosfolipasa, presentes en la saliva, las lágrimas y la leche materna. El ácido gástrico y las peptidasas (enzimas rompedoras de proteínas) que produce nuestro estómago son poderosas defensas químicas frente a los patógenos ingeridos con los alimentos. Pero muchos patógenos logran sortear todas estas barreras. Algunas bacterias cruzan las barreras físicas secretando enzimas que las digieren. También pueden generar secreciones con las que insertar un tubo hueco en la célula huésped, lo que les permite trasladar proteínas al interior de las células huésped para desarmar sus defensas. Es como el asedio de un castillo, solo que a escala microscópica.

Aunque muchos patógenos pueden eludir esta primera línea de defensa, no debemos pensar ni por un momento que se trata de una defensa poco eficaz. El número de patógenos que llegan a las mucosas, epitelios y ojos es, sencillamente, astronómico. Si en estas superficies no se lograra contener a la inmensa mayoría de invasores potenciales, estaríamos siempre enfermos. O muertos. Las mucosas oral y nasal son la principal puerta de entrada para muchos virus y bacterias, incluyendo todos los que inducen enfermedades respiratorias, catarros y gripes. Una puerta que está cerrada para la mayoría de invasores gracias a una alianza entre la física, la química y la biología.

Además de los péptidos y enzimas que mencionábamos, en esas mucosas se generan anticuerpos, como la inmunoglobulina A, que neutralizan al patógeno justo antes de entrar al cuerpo. Esta inmunoglobulina está presente en muchos líquidos corporales como las lágrimas, la saliva o la leche materna, y supone un refuerzo notable de la primera línea de defensa fisicoquímica ante infecciones. De hecho, una de las vacunas más innovadoras contra la covid-19 se centra en detener la infección en la nariz antes de que sea "demasiado tarde" y el virus haya entrado en el cuerpo. Pero hablaremos de vacunas más adelante; aún tenemos que entender más cosas que ocurren en nuestro cuerpo con el avance de una infección.

La mejor defensa es a menudo un buen ataque: la partida se complica

Si un patógeno logra atravesar las primeras barreras físicas y químicas, le toca el turno a la segunda línea de defensa, la inmunidad innata. Esta respuesta inmune está presente, de un modo u otro, en todas las plantas y animales, y ofrece una contestación inmediata (pero no específica) a la entrada de un patógeno. Incluye respuestas tan bien conocidas como la inflamación y la fiebre, que está generada por los glóbulos blancos (o leucocitos) más grandes, llamados monocitos, y favorece la acción del sistema inmune en general y la movilidad y la actividad de todos los miembros de la gran familia de leucocitos. Entre los leucocitos abundan los fagocitos, es decir, células capaces de ingerir y destruir patógenos y todo tipo de cuerpos extraños. En los tejidos y el torrente circulatorio, las células infectadas o dañadas liberan lípidos (icosanaoides) y proteínas (citoquinas), dos tipos de moléculas que traen consigo a una fiel compañera de la fiebre: la inflamación, que implica primero un enrojecimiento por el incremento del flujo de sangre en el tejido afectado y después una hinchazón por la acumulación de células del sistema inmune. Ambas respuestas se completan con la producción local de calor debida al metabolismo hiperactivo de las células concentradas en la zona inflamada.

La fiebre y la inflamación se acompañan de toda una cascada de reacciones químicas conocida como sistema de complemento, y que implica más de 20 tipos diferentes de proteínas que se unen a la superficie de los microorganismos y provocan su identificación y destrucción. La cascada de reacciones del sistema de complemento es justo lo que hace falta para evitar algo tan rápido como peligroso: la multiplicación de los patógenos en el interior del cuerpo. Recordemos que el crecimiento celular es exponencial: una célula da lugar a dos, cada una de las cuales da lugar a otras dos, y pronto tenemos miles de células multiplicándose. Esto mismo ocurre en el caso de las bacterias y los virus: en cada vez menos tiempo se generan cada vez más copias.

La gran velocidad de respuesta del sistema de complemento se debe a la amplificación en cadena de la actividad destructora de las proteínas marcadas o identificadas como no deseadas. La unión inicial de proteínas del complemento al microbio activa la capacidad de destrucción de proteínas, una destrucción que activa a su vez otras proteínas del complemento para que destruyan más proteínas marcadas, y así sucesivamente. Esto produce una respuesta en cascada que amplifica la señal inicial por medio de una retroalimentación positiva. La cascada de reacciones destruye proteínas, en ocasiones las de algunas células del propio organismo invadido, que se convierten así en mártires inevitables. ¡Nadie dijo que defenderse de un ataque microbiano fuera inocuo! Lo interesante es que, como resultado de esta cascada se producen fragmentos de proteínas y pequeñas cadenas de aminoácidos (péptidos) que atraen más aún a las células inmunitarias, amplificando todavía más la respuesta. Se genera así una respuesta exponencial, precisamente lo que hace falta ante un riesgo exponencial como es la proliferación del patógeno en el interior del huésped. Aunque compleja en sus detalles biológicos, la respuesta inmune innata es una maravilla por su absoluta simplicidad matemática: ¡una respuesta exponencial a una amenaza exponencial!

El duelo patógeno-huésped en fase tres busca siempre el jaque mate

A pesar de todo, hay ocasiones en las que el patógeno, ya sea por su gran eficacia o por presentarse en grandes cantidades, logra evadir no solo las barreras físicas y químicas, sino también la respuesta innata, y acaba por entrar en zonas y tejidos vitales. Entonces llega el turno para la tercera línea de defensa, reservada exclusivamente a los vertebrados: la respuesta inmune adquirida. Si la respuesta inmune innata ya nos parecía una elegante partida de ajedrez con ataques, defensas y contrataques, la respuesta adquirida es una partida de ajedrez de alto nivel, parecida a las de Deep Blue, la supercomputadora desarrollada por IBM para jugar contra uno de los campeones del mundo más emblemáticos, Garri Kaspárov. En esta tercera línea de acción, el sistema inmunitario adapta su respuesta durante la infección y logra reconocer mejor al agente patógeno. Esta información específica se conserva tras la eliminación del patógeno y aumenta mucho la eficacia en las luchas futuras contra ese mismo invasor. De hecho, reconocer precozmente al patógeno y actuar de manera específica es, en esencia, la clave del éxito de las vacunas. Una vacuna no hace otra cosa que estimular nuestra respuesta inmune adquirida para que esté preparada para una infección sin haber tenido que sufrirla.

La propiedad principal de la respuesta inmune adquirida es su memoria específica. Cada patógeno es recordado por una característica propia, el antígeno, que solo tiene ese patógeno en particular. La creación de esta respuesta específica recae, precisamente, en las células de memoria, capaces de desencadenar una respuesta concreta para el patógeno al que han reconocido, permitiendo eliminarlo antes de que se convierta en un problema insalvable para el organismo invadido. Las células del sistema inmunitario adaptativo son una clase especial de leucocitos o glóbulos blancos, los llamados linfocitos. Las células B y las células T son las dos clases principales de linfocitos y se forman a partir de células madre totipotentes o pluripotenciales (es decir, capaces de todo) que se localizan en la médula ósea.

La respuesta de nuestro sistema inmune puede ser tan potente y universal que llegue a ser eficaz contra otra temible familia de células dañinas, las de una conocida enfermedad que se caracteriza por producir células anormales que se multiplican sin control e invaden los tejidos cercanos: el cáncer. De hecho, usar nuestro sistema inmune contra las células cancerígenas, algo más eficaz y con muchos menos efectos secundarios que la clásica quimioterapia, es la base de lo que se conoce como inmunoterapia, una herramienta que actualmente se encuentra en rápido desarrollo.

Sabemos que estimular el sistema inmune puede tener consecuencias peligrosas. En ocasiones, la respuesta llega a ser tan intensa que puede resultar perjudicial, como en el caso del *shock* anafiláctico, una reacción alérgica tan intensa que puede producir la muerte. Porque no siempre la respuesta es proporcional a la invasión. La respuesta inmune que desencadena la covid-19, por ejemplo, puede ser tan fuerte en algunas personas que sea ella y no el propio virus lo que pone en riesgo la vida del enfermo. Pero esa intensidad de la respuesta a la covid-19 también puede ser una bendición: algunos estudios muestran que la reacción inmunológica ante la covid-19 pueden llegar a hacer desaparecer algunos cánceres que el paciente tuviera previamente. Esto se vio en el caso de un paciente con linfoma de Hodgkin que mostró una remisión completa de la enfermedad tras padecer la covid-19 (Challenor y Tucker, 2021). Parece ser que las citoquinas inflamatorias producidas contra la infección por el virus habrían activado células T específicas y células asesinas naturales que resultaron eficaces contra el tumor. Dicho de otro modo, el SARS-CoV-2 le había curado el linfoma. La partida de ajedrez acabó en jaque mate a favor del paciente, pero en este caso con un valioso jaque previo a la reina.

La alta diversidad de patógenos que pueden afectar al ser humano va en paralelo con una diversidad igualmente elevada de formas de sortear o contrarrestar las defensas del huésped y lograr invadirlo. Una estrategia muy eficaz para eludir al sistema inmunitario innato es introducirse en las células humanas, de modo que el patógeno no entra en contacto directo con las células inmunitarias, los anticuerpos o las temibles proteínas del complemento. Algunos ejemplos de estos patógenos son los virus, las bacterias del género *Salmonella*, causantes de peligrosas toxiinfecciones alimentarias, y los parásitos que causan la malaria (*Plasmodium falciparum*) y la leishmaniosis (*Leishmania* spp.). Otras bacterias, como *Mycobacterium tuberculosis*, viven dentro de una cápsula protectora que evita eficazmente el ataque de nuestro sistema inmune, y muchos patógenos secretan componentes o forman biopelículas (*biofilms*) que disminuyen o desvían la respuesta inmunitaria del huésped. Este es el caso de las infecciones crónicas características de la fibrosis quística producidas por *Pseudomonas aeruginosa* y *Burkholderia cenocepacia*. Otras bacterias, como los estreptococos y los estafilococos, generan proteínas de superficie que se ligan a los anticuerpos, volviéndolos ineficaces. Todo un muestrario de trampas y "contratrampas".

Los mecanismos empleados por los virus para eludir al sistema inmunitario adaptativo son muy elegantes y se basan en despistar, confundir y camuflarse. El enfoque básico consiste en cambiar rápidamente las marcas de identidad, es decir, aquellas partes de sus propias moléculas (aminoácidos o azúcares de la superficie de cada virus) que permiten su identificación. Estas regiones moleculares se llaman epítopos o determinantes antigénicos. El virus puede jugar bien al escondite con los no esenciales, pero a los epítopos esenciales conviene mantenerlos ocultos, tal como hacen, de hecho, muchos virus. El virus del sida, por ejemplo, muta regularmente las proteínas de su envoltura, y esos cambios frecuentes en los epítopos o antígenos han impedido el desarrollo de vacunas dirigidas contra dichas proteínas. Otra estrategia común para evitar ser detectados por el sistema inmunitario consiste en enmascarar sus antígenos con proteínas de la célula huésped. Así, en el VIH, la envoltura que recubre el virión, la partícula vírica completa e infectiva, está formada por la membrana más externa de la célula huésped. Estos virus camuflados de células humanas son difíciles de identificar por el sistema inmunitario como algo extraño.

No es casualidad que la inmunología sea una de las áreas más amplias, complejas y fascinantes de las ciencias biomédicas, ya que su estudio se centra en la larga y sofisticada carrera armamentística que se ha desplegado entre cada patógeno y su huésped durante miles de generaciones. Es precisamente esta sostenida interacción patógeno-huésped lo que da lugar a una cuarta línea de defensa ante las enfermedades infecciosas que abordaremos en otro capítulo más adelante: la evolución.

Esta línea normalmente no es tratada como tal porque requiere de la participación de varias generaciones de huéspedes y patógenos, y, por tanto, trasciende al objeto clásico de la medicina, que es la vida de la persona individual, la del paciente, y no la de los descendientes del paciente.

Los virus no son malas noticias envueltas por proteínas, sino grandes creadores de genes

El zoólogo, médico, filósofo y divulgador Peter Medawar[2], conocido como el padre de los trasplantes de órganos por los estudios sobre el rechazo inmunológico que le valdrían el Premio Nobel de Medicina en 1960, definió a los virus como "pedazos de malas noticias envueltos en proteína". Aceptando toda la irónica razón contenida en esa definición, aparquemos por un momento esas malas noticias y recordemos el papel trascendental que los virus han jugado a lo largo de la historia de la vida en el planeta: el de crear genes y promocionar la novedad genética y la diversidad biológica. Tengamos además en cuenta que es un porcentaje muy pero que muy pequeño, aunque ciertamente terrible, el de los virus que causan patologías en humanos y en otros animales. No obstante, hasta los virus más peligrosos acaban derivando en formas discretas y asintomáticas. La mejor estrategia para un virus es no provocar enfermedad alguna y que el huésped pueda seguir con su vida normal sin parar de hacer copias del virus. A un virus lo que le sale más rentable es ser poco agresivo para que no se le detecte, para que ni los sistemas inmunes ni los sanitarios luchen contra él. De esta forma, las personas o animales infectados lo transmiten a la mayor escala posible. Es lo que Richard Dawkins llamaba "el egoísmo de los genes", siempre

---

2. Los ensayos de Medawar se caracterizan por una gran calidad literaria y un indudable rigor científico, aderezados con un marcado uso del sarcasmo. Fue para el paleontólogo Stephen Jay Gould "el hombre más inteligente que ha conocido", y para el etólogo y zoólogo británico Richard Dawkins "el más ingenioso de todos los escritores científicos".

obsesionados con perpetuarse. Nosotros, igual que un virus, somos un envoltorio de genes, aunque somos ciertamente más voluminosos y elaborados.

La aparición de nuevas especies suele comenzar con mutaciones, es decir, con cambios en el material genético. Estos cambios pueden afectar a la secuencia de unidades (nucleótidos) que componen el ADN o el ARN[3], a la estructura de los cromosomas[4] o bien a su número. El material genético o genoma es el conjunto de instrucciones genéticas que contiene una célula. El genoma no es un organismo que responda al medioambiente, aunque puede verse afectado por las condiciones ambientales. No permanece constante, sino que sufre cambios llamados mutaciones, que se generan al azar, y luego la selección natural se encarga de fijarlos y mantenerlos en las poblaciones si son beneficiosos para la célula o el organismo, o de descartarlos si son perjudiciales. Una gran parte de las mutaciones adaptativas (no solo no perjudiciales, sino también las beneficiosas) producidas en los últimos 500 millones de años en todos los seres vivos podrían haber sido fruto de la acción de los virus, en especial de los elementos virales endógenos (EVE). Un EVE es una secuencia de ADN derivado de un virus que está presente dentro de la línea germinal (la población de células que transmiten su genoma a la descendencia) de un organismo no viral. En otras palabras, los EVE están en nuestro propio genoma, donde representan hasta el 10% del total, y están implicados en la regulación de la expresión de los genes de la mayoría de los organismos conocidos. El papel crucial de estos elementos virales en la expresión de los genes implica también la posibilidad de que se generen especies nuevas a partir de especies ancestrales comunes.

---

3. Recordemos que el ADN y el ARN son largas moléculas que contienen la información genética y por tanto hereditaria de los seres vivos, y que sus siglas nos dan pistas de su composición: son ácidos nucleicos con un azúcar de tipo ribosa en el ARN o desoxirribosa en el caso del ADN.
4. Los cromosomas son las unidades en las que el ADN se empaqueta junto a unas proteínas que le ayudan a mantener su estructura.

Los virus han resultado ser unos grandes inventores de genes. Por un lado, al copiar sus genomas, producen muchas mutaciones que se transmiten a la descendencia, y por otro lado, los genomas virales tienen facilidad para mezclarse entre ellos, generando nuevas combinaciones genéticas. Además, al incorporar su genoma en el del hospedador y multiplicarse con él, los virus se integran en el mundo celular. Estos genes y segmentos de información genética de origen viral aportan nuevas funciones al hospedador. En el caso de las bacterias, el material genético de origen viral les puede permitir resistir antibióticos o producir toxinas nuevas. Cuando el genoma del virus que entró en una bacteria se separa de esta, puede llevarse parte del material genético del hospedador consigo y transmitirlo a otro hospedador. Esto convierte a los virus en potentes mecanismos de transferencia génica horizontal, es decir, de transferencia genética de una célula a otra que no es su descendiente. Con esta capacidad de los virus, las innovaciones evolutivas que surgen en una especie pueden ser compartidas por toda la comunidad, impulsando aún más la diversidad genética y la evolución biológica.

Los virus llevan millones de años entrando en contacto con el material genético de todo tipo de organismos. Los primeros encuentros fueron con bacterias: un alto porcentaje de los genes bacterianos son de origen vírico. Pero las bacterias no son las únicas que han integrado virus antiguos, ya que todas las células eucariotas, es decir, las células complejas con un núcleo separado por membrana, como las nuestras, cuentan con un ADN aderezado de restos de antiguas infecciones virales. Algunos científicos hablan de una auténtica lluvia de genes víricos sobre los genomas de todos los organismos. Muchos de estos genes víricos no sirven para nada, pero otros quedan en la reserva para hacer frente a situaciones ambientales o evolutivas nuevas. En ocasiones, una infección vírica tiene lugar con virus atemperados o profagos que no provocan la rotura de las células infectadas, sino que se replican en sincronía con el genoma del hospedador. Este ADN podrá mantenerse así durante varias generaciones dejando a la célula hospedadora inmune a infecciones del mismo virus y proclive a incorporar información genética del virus. La insaciable y sorprendente promiscuidad genética de los virus está en el origen de buena parte de la diversidad biológica conocida.

Pero ¿qué es un virus? ¿Son seres vivos?

Los virus no son esos organismos pérfidos que muchas veces queremos ver. Y no solo porque no tengan conciencia (por no tener, no tienen ni una estructura central como un núcleo desde el que coordinar su acción). No son pérfidos porque sus temidas y muy frecuentes mutaciones se realizan completamente al azar. Un virus es como un libro: es información inerte que no cobra vida hasta que alguien, en este caso una célula, la lee. Los virus generalmente no se consideran seres vivos, sino "elementos genéticos móviles". No son microorganismos en sentido estricto. No obstante, y como ejemplo paradójico del desconcierto conceptual existente, la virología, la ciencia encargada del estudio de los virus, es un campo de la microbiología. Eso es así porque, aunque los virus son en realidad entidades no vivas que necesitan de ayuda externa para reproducirse, son increíblemente afines y análogos a una entidad viva.

Los virus son la entidad biológica más abundante del planeta y también la más diminuta: la mayoría son unas cien veces más pequeños que las bacterias. Infectan a todo tipo de organismos, desde animales, hongos, plantas y protistas hasta bacterias y arqueas, probablemente los seres unicelulares más antiguos del planeta. También infectan, lógicamente, a otros virus, así que nadie está a salvo de ellos, ni siquiera ellos mismos.

Son anteriores a la inmensa mayoría de formas de vida y han estado presentes en la historia del planeta muchos millones de años antes de que hubiera ni el más mínimo indicio de un mamífero, y mucho menos de algo parecido a un ser humano. Los virus (o algo muy similar) estaban ya en la Tierra antes que LUCA, acrónimo inglés empleado para referirnos al último antepasado común universal. Es decir, moléculas hasta cierto punto análogas a los virus ya rondaban la Tierra antes del ancestro universal común de todos los seres vivos conocidos por la ciencia. Los virus nos dan, de hecho, muchas pistas acerca de cómo surgió y evolucionó la vida. Su autoensamblaje dentro de las células, por ejemplo, nos aporta información valiosa sobre el origen de la vida y refuerza la hipótesis de que podría haber comenzado en forma de moléculas orgánicas autoensamblantes, como protobiontes o estructuras abióticas que precedieron a las auténticas células.

Los virus son tan antiguos como importantes, no tanto porque nos causan enfermedades graves sino porque sin ellos, sencillamente, no sería posible la vida en la Tierra, o al menos la vida de la mayoría de las especies conocidas y en la forma en la que las conocemos. La clave del éxito de los virus, de su omnipresencia a lo largo de la historia del planeta y de su omnipresencia también en todos los ecosistemas y climas posibles, está en su extraordinaria simplicidad y flexibilidad. Ambas características les han hecho un importante motor evolutivo de la naturaleza.

Tenemos muy claro que las bacterias, los mohos o las levaduras sirven para cosas bien tangibles y apreciadas como los yogures, los antibióticos o la cerveza, respectivamente. Pero ¿y los virus? ¿Nos interesan especialmente por algo o tan solo hay que aprender a convivir con ellos sin morir en el intento? Aparte de su función ecológica, que aún tiene a los científicos bastante sorprendidos y desorientados, los virus sirven de mucho: desde el tratamiento del cáncer hasta la producción de vacunas. Paradójicamente, unas entidades que nos causan tanto mal, una vez modificadas genéticamente son capaces de curar, por ejemplo, un cáncer ocular terrible que afecta sobre todo a niños (el retinoblastoma), algunos melanomas o cánceres de piel, y también los glioblastomas o cánceres que afectan al cerebro y a la médula espinal. Algunos virus incluso pueden ser empleados contra otros virus; por ejemplo, contra el virus del papiloma humano, que provoca el cáncer de cuello de útero. Los virus bacteriófagos se emplean con éxito contra enfermedades crónicas como la fibrosis quística, la colitis ulcerosa y enfermedades autoinmunes como la enfermedad de Crohn.

También se emplean en fagoterapia (una terapia en la que los virus comen bacterias de forma controlada) y son una valiosa alternativa de los antibióticos, ya que la resistencia de las bacterias a estos fármacos no para de crecer. Esta fagoterapia se administra también a los animales de granja, siendo bastante efectiva contra bacterias comunes y ahorrando una vez más el uso de antibióticos. Los virus se están ensayando para detener la alteración de ciertos alimentos y también como insecticidas, con la ventaja de no suponer peligro alguno para otros animales ni para el ser humano, y también se han probado con éxito en vacunas contra la covid-19, el ébola, la peste aviar y el zika (Tejedor, 2021). Pero quizá la principal utilidad de los virus sea, precisamente, todo lo que se deriva de su ubicuo papel ecológico y evolutivo, algo que veremos con cierto detalle más adelante. Veamos antes cómo *Homo sapiens* se arma de cultura y tecnología para frenar a los invasores microscópicos en la batalla sanitaria.

CAPÍTULO 3

La batalla sanitaria

La convivencia forzosa con los patógenos: una vez que llegan, no se marchan

Aunque se ha erradicado la viruela y la peste está ahora (en su mayoría y por el momento) bien controlada, se estima que una cuarta parte de la población mundial todavía está infectada de tuberculosis. En la última década han aparecido brotes importantes de cólera en Haití y Yemen. Aproximadamente se diagnostican 200 000 personas cada año de lepra. En otras palabras, el control de enfermedades que incluso antes de la resistencia a los antibióticos habían sido manejables no ha resultado ser, ni mucho menos, universal. Los desplazamientos aéreos globales, el cambio climático y las perturbaciones del medioambiente nos exponen a todo tipo de nuevas enfermedades infecciosas. Pero al mismo tiempo continuamos sufriendo muchas de las viejas enfermedades, que siguen sorprendentemente activas y que son tan viejas como la propia humanidad. Lo que nos queda cada vez más claro es que una vez que se agregan a la colección de patógenos que afectan al ser humano, la gran mayoría de las enfermedades infecciosas que provocan se quedan con nosotros.

Tras la devastación moderna causada por la covid-19, nos preguntábamos si sobreviviría para convertirse en un flagelo de la humanidad durante décadas o siglos. La historia y diversas piezas de evidencia nos hacen pensar que ha venido para quedarse. Pero puede quedarse de maneras bien diferentes dependiendo de la evolución tanto del virus como de la sociedad. Si no aprendemos de nuestras otras enfermedades globales que la capacidad científica para controlar la enfermedad debe ir acompañada de la voluntad moral y la determinación política nacional e internacional para controlarla, repetiremos con la covid-19 lo peor de nuestra irregular y muy mejorable historia de infecciones.

Los puntos en común de las enfermedades infecciosas globales que hemos sufrido a lo largo de nuestra historia no residen en la naturaleza biológica de los patógenos. A medida que las estructuras sociales humanas y las conectividades han ido cambiando a lo largo de la historia, ciertos patógenos se han hecho expertos en explotar las características cambiantes de la humanidad. Las enfermedades globales, las que se han convertido en pandemias, las hemos creado nosotros o las hemos ayudado a crear. El nuevo coronavirus de la covid-19, como la tuberculosis, la peste, el cólera y el sida, es una enfermedad de su época. Todas fueron alguna vez "enfermedades emergentes", y el que sigamos viviendo aún con los patógenos sugiere que deberíamos mirar más allá de las circunstancias de emergencia e incluso más allá del modelo de control de crisis de las intervenciones epidemiológicas. Necesitamos mirar qué permite esa persistencia. Una razón para ella es la capacidad de evolución y adaptación de los patógenos a las nuevas condiciones de juego que impone el ser humano. Esta capacidad de evolución ha sido estudiada muchas veces, pero no acabamos de aplicar bien ese conocimiento.

Resulta muy interesante el caso de la peste (*Yersinia pestis*), una enfermedad endiablada que fue cambiando con nosotros a lo largo de los siglos; siempre íbamos por detrás de la bacteria, expuestos a sus ocurrencias y particularidades. La peste que nos golpeó en la prehistoria no tenía las mismas adaptaciones que la que nos golpeó en la Edad Media (Andrades *et al.*, 2022). Sabemos que el rápido movimiento de personas a caballo influyó en la rápida propagación de la peste en la Edad de Bronce. Se cree que los propios caballos podrían haber portado la bacteria, convirtiéndose en una fuente importante de la enfermedad, ya que albergan especies de *Yersinia* relacionadas con la peste. También se sabe que durante la aquel periodo la *Yersinia pestis* no estaba adaptada a la vida dentro de vectores como los insectos, por lo que muy probablemente no se transmitió a través de las pulgas de roedores, como sí lo haría durante la peste bubónica medieval. La peste de la Edad de Bronce era más una enfermedad respiratoria que se contagiaba directamente al toser o estornudar. La gente necesitaba estar en estrecho contacto para enfermar. Las investigaciones de ADN prehistórico revelan una gran similitud de la *Yersinia* en zonas muy alejadas, así que tuvo que conquistar extensas regiones en muy poco tiempo, a lomos de caballo.

Con el paso de los siglos, *Yersinia pestis* encontraría otra forma de hacerse global: saltar de los roedores a los humanos a través de las pulgas. Los roedores eran reservorios naturales de la enfermedad y se estaban volviendo cada vez más abundantes en todos los rincones del planeta. De hecho, los roedores fueron un importante acompañante no deseado en la expansión de la especie humana. *Yersinia* solo tuvo que adaptarse a la vida en el interior de un vector, la pulga, para alcanzar definitivamente el estatus de pandemia durante la Edad Media.

Las adaptaciones de *Yersinia pestis* no acabaron ahí. La bacteria desarrolló una mortífera novedad al provocar que la pulga que la transporta forme una especie de bola en la boca del estómago. Ese tapón estomacal de origen bacteriano hace que la pulga vomite la sangre, que ya es infecciosa para cualquier otro organismo que la toque. Lo que ocurre, además, es que, en lugar de morder unas pocas veces a sus huéspedes para saciarse con su sangre, la pulga muerde a las víctimas cientos de veces porque está enloquecida de hambre al tener esa bola estomacal, amplificando enormemente la propagación de la bacteria. Se trata de una adaptación brillante de esta bacteria ya que cuantas más mordeduras haga la pulga, mayor será su capacidad de contagiar y mayor la expansión.

Los detallados estudios genéticos de los distintos eventos de peste muestran que *Yersinia* generó nuevos contagios a partir de reservorios de roedores aislados que lograron, en circunstancias muy variadas, aprovechar las nuevas estructuras de distribución de alimentos, las nuevas tecnologías de transporte y las nuevas dinámicas sociales de lo que terminarían siendo nuevos grupos de víctimas humanas. Algunas sociedades pudieron recuperarse con rapidez de la devastación provocada por la peste, pero otras jamás lo lograron. Tal fue el caso del Egipto medieval, incapaz de reponerse completamente de los efectos de una pandemia que se cebó especialmente con el sector agrícola. El descenso de población sufrido por Egipto nunca se pudo compensar, y el sultanato mameluco, un reino mediterráneo que tuvo lugar entre los siglos XIII a XVI, entraría en decadencia, lo que permitió a los otomanos conquistarlo en menos de dos siglos (Varlik, 2020).

Con el conocimiento y las prácticas sanitarias actuales, las pulgas tienen una incidencia limitada en humanos, por lo que *Yersinia pestis* encuentra esa vía de contagio prácticamente bloqueada. Además, los antibióticos la mantienen a raya. De momento. No sería muy raro que *Yersinia* desarrollara resistencia a los antibióticos y encontrara, además, una nueva vía de llegar a los humanos y hacerse global otra vez. Esperemos que no.

Por si fuera poco, muchos organismos patogénicos que pudieron haber desaparecido quedaron a buen recaudo en el hielo de los glaciares y de las grandes extensiones de suelo helado del Ártico. Al fundirse el hielo a causa del cambio climático, muchos de estos antiguos enemigos microscópicos vuelven a la vida. Los entornos permanentemente helados son reservorios naturales de enormes cantidades de microorganismos, en su mayoría latentes, entre los que se encuentran patógenos humanos. Debido al aumento de la tasa de deshielo, aproximadamente 4×10^{21} de estos microorganismos se liberan anualmente de su confinamiento helado y entran en los ecosistemas naturales, muy cerca de asentamientos humanos. Los brotes de ántrax (carbunco) ocurridos en Siberia, como el que provocó el descongelamiento en 2016 de unos renos muertos hacía mucho tiempo, y la presencia de patógenos bacterianos y víricos en los glaciares de todo el mundo confirman el riesgo de la resurrección y liberación de microbios de los glaciares y del permafrost. La fusión de un glaciar chino liberó al menos 33 especies distintas de virus, 28 de ellas completamente desconocidas para la ciencia y con potencial de infección a humanos. Se teme que no sean casos aislados: se han descubierto fragmentos de ARN del virus de la gripe española en 1918 en cadáveres enterrados en fosas comunes en la tundra de Alaska y se piensa que cepas virulentas de viruela y peste bubónica están también enterradas en Siberia. El calentamiento global y otras formas de alteración de los ecosistemas como la minería están exponiendo y reactivando bacterias y virus antiguos potencialmente peligrosos para nuestra salud.

La interacción que se está produciendo actualmente entre los microorganismos ancestrales liberados por el hielo y los seres vivos modernos puede suponer graves amenazas para muchas formas de vida, incluyendo la humana. No solo porque los microbios patógenos se liberan con el deshielo de los glaciares y del permafrost, sino también porque sus genes y genomas también se están diseminando en los ecosistemas naturales; estos elementos genéticos pueden ser adquiridos posteriormente por transferencia horizontal de genes por otras especies contemporáneas. Este intercambio de genes y elementos genéticos móviles (plásmidos, transposones, integrones, etc.) entre microorganismos antiguos y modernos se ha denominado recambio genómico y sabemos que se produce normalmente a un ritmo muy elevado entre los microorganismos que coexisten en un hábitat determinado, que puede incluso traspasar las barreras que existen entre los tres dominios de la vida, Bacterias, Archaea y Eucariotas (Yarzábal, Salazar y Batista-García, 2021). No es para entrar en pánico, pero sí para tomar consciencia de que los microorganismos aparecen y reaparecen, y casi nunca desaparecen.

El ritmo de mutación de las bacterias, el secreto de su resistencia ante los antibióticos

Las bacterias mutan mucho más de lo que se pensaba hasta ahora. Por ejemplo, se ha visto que las mutaciones de una de las bacteria más comunes y mejor estudiadas, *Escherichia coli*, ocurren mil veces más frecuentemente de lo que se había creído durante décadas de investigación. El ritmo de las mutaciones en bacterias no es un tema baladí: es clave para revisar y profundizar en la teoría de la evolución de la vida y tiene, lógicamente, implicaciones muy importantes para la salud pública, ya que incide en la resistencia a los antibióticos y en el desarrollo de nuevos químicos contra las bacterias. De los antibióticos, todos tenemos claras dos cosas: una, que son medicamentos para combatir las infecciones bacterianas, y otra, que la resistencia de las bacterias a los antibióticos está creciendo rápidamente, de forma que estos dejan de servirnos cada cierto tiempo. La resistencia a antibióticos ocurre cuando las bacterias mutan (se transforman) y se vuelven capaces de resistir los efectos de ese compuesto químico. Cada vez que se toman antibióticos, las bacterias sensibles mueren, pero algunos individuos resistentes pueden crecer y multiplicarse. Al no verse afectados por los antibióticos, estos individuos inicialmente escasos y surgidos por azar son favorecidos frente a los que portan otras variantes genéticas, y en poco tiempo se llega a una situación en que la enfermedad no se puede controlar con el antibiótico habitual.

Hay una bacteria de tipo estafilococo (*Staphylococcus aureus*, SARM) que es resistente al antibiótico meticilina. El SARM es un patógeno humano que causa una amplia variedad de infecciones, algunas leves, como ciertas infecciones de piel y partes blandas, y otras graves, como la bacteriemia, la endocarditis, la neumonía y otras de localización quirúrgica. Además, puede producir una colonización sin síntomas, lo que facilita su transmisión y diseminación, y dificulta su tratamiento. Desde su descripción inicial en 1959 y durante varias décadas, el SARM se había considerado un patógeno confinado al ámbito de hospitales y consultas, pero a partir de la década de los noventa se encuentran cepas de SARM responsables de infecciones adquiridas fuera del entorno sanitario. Las bacterias con una alta tasa de mutación son llamadas, no sin cierta ironía macabra, "los riesgos de una vida acelerada" (Galán *et al.*, 2006).

Cuando una bacteria adquiere resistencia a un antibiótico se trata con otro antibiótico. El problema es que las llamadas superbacterias, o bacterias multirresistentes, alcanzan resistencia a varios antibióticos y su tratamiento se vuelve difícil y en ocasiones desesperado: en 2016, una mujer murió debido a la infección de una bacteria resistente, una cepa de *Klebsiella pneumoniae* que resistió ¡a los 26 antibióticos disponibles! Una bacteria que desde luego nadie querría tener cerca.

Los antibióticos están diseñados para atacar las funciones celulares esenciales de las bacterias, y ellas alcanzan resistencia mediante mutaciones en los genes implicados en dichas funciones concretas. Pero hacerlo supone un coste para las bacterias, ya que la mayoría de estas mutaciones que confieren resistencia resultan perjudiciales en ausencia de antibióticos. Para superarlo, las bacterias suelen, o incluso necesitan, adquirir otras mutaciones compensatorias. Y aquí hay otra mala noticia: investigadores portugueses demostraron que el ritmo de adaptación compensatoria en cepas multirresistentes de *Escherichia coli* es más rápido que en cepas que solo portan una mutación (Moura da Sousa *et al.*, 2017). Dicho de otro modo, las que más mutan adquieren resistencia a más antibióticos y también compensan mejor las desventajas que traen consigo esas mutaciones. Pero el equipo descubrió un posible talón de Aquiles de la multirresistencia: el mecanismo compensatorio de la bacteria multirresistente incluye mutaciones en las proteínas que conectan el "motor" de la célula con su "acelerador". Por tanto, se está trabajando para encontrar la forma de bloquear estas proteínas y quizá poder acorralar la multirresistencia, ya que se estaría eliminando el mecanismo compensatorio que podría ser común a las distintas resistencias e incluso a distintas bacterias.

Nosotros seremos muy listos, pero las bacterias son muchas y se reproducen muy rápido, encontrando por azar muchas soluciones a los obstáculos químicos que les vamos poniendo. Por ello, la batalla nunca llega a estar ganada del todo, y dado que a los laboratorios farmacéuticos no les genera mucho negocio desarrollar nuevos antibióticos porque son de uso puntual y están cada vez más limitados por la generación de resistencias, en la práctica podríamos perder la batalla por culpa de la dichosa economía de mercado. La investigación en antibióticos ha decaído porque hay otras actividades en el sector farmacéutico que son más lucrativas. Estamos quedándonos atrás en la lucha contra las pandemias futuras por una gran combinación de factores, la mayoría generados por nosotros mismos. La solución está en la mano de los gobiernos, que podrían apoyar a fondo perdido estas investigaciones, o plantear otras soluciones pragmáticas para abordar la sórdida realidad, una realidad en la que de momento prima el beneficio económico por encima de la salud y las vidas humanas.

Nuestra negligencia produce superbacterias muy peligrosas

El descubrimiento por Alexander Fleming en 1928 de la penicilina, el primer antibiótico auténtico, transformó la medicina del siglo XX y aumentó enormemente nuestra esperanza de vida. Enfermedades como la lepra, el cólera, la peste bubónica, la neumonía o la tuberculosis, que eran mortales, pasaron a tener cura. Sin embargo, apenas 80 años después, la resistencia que han ido desarrollando las bacterias a los antibióticos se ha convertido en tremendo desafío sanitario. Décadas avisando de que las bacterias resistentes a los antibióticos pueden dejarnos sin una de las herramientas que más vidas ha salvado en el último siglo no parecen haber servido para mucho. El mismísimo Louis Pasteur dijo ya en 1945: "... Llegará un día en que cualquier persona podrá comprar la penicilina en las tiendas, tomará una dosis insuficiente y al exponer a sus microbios a cantidades no letales del fármaco, los hará resistentes". La amenaza crece, es real y cada vez más tangible: la resistencia bacteriana a antibióticos provoca cada año unos 700 000 fallecimientos, tantos como el sida o la malaria (Rivas, 2020).

Durante la covid-19 se aplicaron antibióticos en un 70% de los pacientes para evitar infecciones secundarias. Se estima que solo hubiera hecho falta en un 10% de los casos, pero la realidad es que esta práctica ha adelantado el reloj de la pandemia silenciosa (la multirresistencia) un par de décadas. En un informe de 2016, la OMS calculó que, de no se tomar medidas eficaces, a mediados de siglo las superbacterias resistentes provocarán alrededor de 10 millones de muertes anuales, por encima del cáncer, convirtiéndose en la primera causa de muerte global. Tras la covid-19 podríamos alcanzar esta situación bastante antes. Muchas veces se cuentan estas cosas como si fueran algo ajeno, extraño, algo que nos pasa y que no causamos nosotros. Una vez más vemos al ser humano pegándose tiros en el pie y mirando desconcertado a la ciencia, preguntándose: pero ¿qué ha pasado…? ¡Es la biología, estúpido! Perdón por el exabrupto, pero no lo he podido evitar.

Poca gente sabe que la degradación de los bosques tropicales aumenta la abundancia y la diversidad de los genes que confieren resistencia a antibióticos en los microorganismos del suelo. Un estudio en la Amazonía (Lemos *et al.*, 2021) levanta nuevas alertas sobre la resistencia a antibióticos. No se comprenden los detalles genéticos, evolutivos y ecológicos ni se ha demostrado aún que esta resistencia afecte directamente a humanos, pero el hallazgo no resulta muy halagüeño.

Las depuradoras son una fábrica industrial de resistencia a los antibióticos. Esos trillones de bacterias agitadas en presencia de cientos de moléculas antibióticas que están ya en las aguas residuales de todas las ciudades del mundo son un sistema muy eficaz para inducir resistencia bacteriana a gran escala. Y si hablamos de producción industrial de resistencia bacteriana, las macrogranjas también ocupan un puesto destacado. Los animales internados en estas fábricas son expuestos a dosis elevadísimas de antibióticos para evitar contagios y para favorecer el crecimiento, pero solo el 20% (o menos) de esas elevadas cantidades de antibióticos son absorbidas por los animales. La mayor parte de lo que les damos es directamente excretada y acaba en suelos y aguas donde incentivamos a gran escala la generación de resistencia, hasta el punto de que uno de cada cinco antibióticos que ha dejado de funcionar por la resistencia bacteriana lo ha hecho por su utilización en ganadería industrial. Apenas hay avances en la reducción de las dosis sanitarias de antibióticos para animales en la producción industrial. A pesar de legislación en contra de este uso en lugares como la UE, se sigue haciendo. Como si no fuera con nosotros.

La globalización expande la resistencia a antibióticos. Recientemente se demostró que una proteína que ofrece a las bacterias resistencia a los antibióticos y que fue detectada por primera vez en un hospital de Nueva Delhi (India) en 2008 había saltado a las aguas de la ciudad y en pocos años llegó a más de 100 países. Cinco años después se encontró hasta en muestras de bacterias tomadas en el remoto archipiélago ártico de Svalbard.

La promiscuidad de las bacterias nos pone aún más en aprietos, ya que son capaces de transmitir horizontalmente esta resistencia. La transmisión vertical es entre ancestros y descendientes (padres e hijos, para entendernos), la horizontal sería entre hermanos o primos, es decir, individuos de la misma especie que coexisten en un lugar y en un momento sin venir unos de otros. En 2009, la bacteria *Klebsiella pneumoniae* mostró un nuevo mecanismo de resistencia a los antibióticos, y en el mismo paciente también se encontró una cepa de la ubicua bacteria *Escherichia coli* que poseía el mismo tipo de mecanismo de resistencia. Solo podía haber sido transmitido por esta bacetria. Las multirresistencias obligan a administrar antibióticos cada vez más potentes, y hay uno que es considerado el último recurso: la colistina (polimixina E). Pues bien, en 2010 se descubrió que algunas cepas de *Klebsiella pneumoniae* lograron ser resistentes incluso a la colistina. En el año 2015, el descubrimiento de resistencia a la colistina en *Escherichia coli* y en *Klebsiella pneumoniae* aisladas de humanos y de animales provocó una aguda preocupación mundial sobre la posibilidad de transferencia horizontal de este gen entre humanos y animales.

Algunos investigadores no se muestran tan pesimistas ante el hecho de que nos estemos quedando sin antibióticos; confían en varios procesos esperanzadores. Uno de ellos trata de combinar varios antibióticos, identificar los momentos de mayor sensibilidad de las bacterias y aplicar una terapia secuencial en la que se emplean diversos antibióticos en distintas fases y no todos a la vez. Aunque en muchos casos las bacterias desarrollan una resistencia cruzada (la resistencia a un antibiótico genera resistencia a otros), también se da la llamada "sensibilidad colateral", por la que algunas bacterias expuestas a un antibiótico generan mayor sensibilidad a otros (Catalán, 2021). Siempre es bueno tener alguna razón para el optimismo.

Otra estrategia en curso contra las superbacterias es la de crear superantibióticos. La vancomicina es uno de ellos, como la colistina, pero sin tanta toxicidad para los humanos. Se estima que es 25 000 veces más potente que los antibióticos tradicionales. Da un poco de miedo esta estrategia, porque es contestar con guerra a una guerra. Sabemos que si usamos mal un armamento poderoso puede volverse en nuestra contra. Desde la energía atómica hasta un superantibiótico, la potencia armamentística exige responsabilidad, y no todo el mundo está de acuerdo con que los superarmamentos traigan consigo más seguridad.

Muchos antibióticos se basan en dificultar que la bacteria pueda construir o mantener su pared celular, algo vital para ella. Ante estas interferencias, le cuesta encontrar soluciones, pero las acaba encontrando. La vancomicina es un químico con varios mecanismos de acción simultánea contra las bacterias, ya que no solo desestabiliza la pared, sino que la perfora. ¡Veremos cuánto tiempo nos dura! De momento ya ha habido que ir actualizándola, porque ciertas bacterias aprendieron a lidiar con ella. En condiciones experimentales se observa que las bacterias generan algo de resistencia incluso a la nueva vancomicina, aunque poca. La nueva vancomicina no es lo suficientemente poderosa como para erradicar completamente las bacterias que nos enferman, y su fabricación requiere hasta 30 procesos distintos, lo que de momento la hace poco viable económicamente y a nivel clínico. Mientras aguanta esta versión actualizada de un superantibiótico tan complejo, solo apto para casos extremos, parece sensato abandonar el irresponsable juego de generar superresistencia en las bacterias. Es difícil que ganemos esta "carrera armamentística", y perderemos muchas vidas y salud en el camino.

La vacunación es cosa de todos

El gran aumento de la esperanza y la calidad de vida experimentadas por la humanidad durante el siglo XX se ha debido en buena parte a las vacunas. A diferencia de un antibiótico, que no es sino un químico que interfiere directamente con el patógeno, una vacuna aprovecha nuestro propio sistema inmune para defendernos de él. La vacuna permite entrenar el sistema inmune con fragmentos del patógeno o con un patógeno atenuado, y lo deja listo para una reacción inmediata y potente en cuanto el patógeno asome por nuestro organismo. Tiene una dimensión individual, en la que cada persona se beneficia de esa protección, y una dimensión colectiva, en la que toda la población se beneficia de que un alto porcentaje de sus miembros esté vacunado. Una población mayoritariamente vacunada hace que el patógeno cuente con menos réplicas de sí mismo y que la enfermedad apenas circule. Esto a su vez tiene una ventaja inmediata para los miembros de la población que no estén vacunados o que tengan un sistema inmune débil (personas inmunodeprimidas por edad, factores genéticos o estado de salud), y también una ventaja a más largo plazo, al disminuir las posibilidades estadísticas de que el patógeno dé con una mutación que le resulte favorable y de que se vuelva, por tanto, más peligroso. La protección a corto y largo plazo que confiere a una población el que la mayoría de sus miembros estén inmunizados se conoce como inmunidad de grupo o inmunidad de rebaño: la inmunidad de la mayoría protege a la minoría susceptible.

Todo esto es algo que los antivacunas no parecen haber entendido o no quieren reconocer. No parecen ser conscientes de que vacunarse no es solo una decisión libre e individual, sino que también es una cuestión grupal, ya que cada decisión individual sobre la vacunación tiene profundas implicaciones para toda la población. En materia de vacunación, hay total concordancia entre el mensaje de la ciencia médica, la OMS y las cinco religiones principales, ya que todas estas instituciones priorizan resguardar la vida humana y eso es lo que se alcanza con la vacunación (OMS, 2017).

Con la covid-19 sufrimos una proliferación de bulos y noticias falsas que introdujeron dudas sobre la seguridad de las vacunas en buena parte de la sociedad. Para amplificar el caos informativo, se emplearon y se siguen empleando *bots*, es decir, ordenadores y algoritmos que, de forma automática y sin intervención humana, contaminan redes sociales como Twitter (X), Facebook, YouTube o Instagram con información pseudocientífica o directamente falsa. Por fortuna, un estudio demostró que, en España, los *bots* en favor de la vacunación contra la covid-19 resultaron más efectivos que los *bots* negacionistas (Ruiz-Núñez *et al.*, 2022). Aun así, sería conveniente que la ciudadanía adquiriera un control más estrecho y directo sobre la información que optan por manejar en temas literalmente vitales como estos.

Recreando a Frankenstein de la mano de la biología molecular

Ante un enemigo así toca elegir bien la estrategia. En esencia, nuestras posibilidades son dos: eliminarlo o convivir. Para frenarlo, y más aún para eliminarlo, debes conocerlo a fondo, y una forma íntima de conocerlo es ser capaz de crearlo. Tal como Mary Shelley relata en *Frankenstein o el moderno Prometeo*, al crear la criatura estableces con ella una estrecha relación emocional, pero también una comprensión profunda. Algunos virólogos del siglo XXI encarnan la epopeya de Víctor Frankenstein y se convierten en los nuevos prometeos, creando el coronavirus en los laboratorios para aprender a luchar contra él; una investigación de alto voltaje que debe hacerse en centros de alta seguridad. Hay medio centenar de ellos repartidos en distintos países del mundo, y les rodea un cierto halo de peligro y secretismo. En estos centros de alta seguridad se perfecciona la técnica para crear artificialmente virus como el SARS-CoV-2, con la intención de entender mejor al patógeno y desarrollar una versión inocua que pueda servir de vacuna. Sobre esta base también se ha trabajado con el virus de la gripe española de 1918. Recrearlo en el laboratorio fue la forma de entender por qué fue tan letal. Lo primero que se hace a la hora de recrear un virus es descifrar la secuencia genética completa, pero el principal problema es que los científicos no saben para qué sirven todas las letras de la secuencia. El SARS-CoV-2 se parece mucho a otros de su clase, como el SARS o el MERS. ¿Dónde radica su peligrosidad? ¿Cuáles de esas 30 000 letras que componen su secuencia genética son las claves?

Muchas vacunas seguras se basan en meter en el cuerpo una sola proteína del virus, como la proteína *spike* en el caso de la covid-19. Estas vacunas son más fáciles de hacer y más seguras que las que implican introducir en el cuerpo el virus entero, pero no son mejores, ya que al introducir el virus entero se obtiene una inmunidad completa ante todas sus proteínas, es decir, nuestro sistema inmune sería capaz de reconocer al virus de muchas formas y sería más difícil que se le escapara. El desafío es encontrar las secuencias genéticas que hacen al virus peligroso y eliminarlas para poder introducir en la vacuna un virus inocuo. Para algunos es jugar con fuego. Para muchos puede suponer la diferencia entre morir o sobrevivir a una infección vírica.

Sobre vacas y vacunas: casualidad, observación y método

La aristócrata, viajera y escritora británica Mary Wortley supo de un método basado en hacer incisiones en la piel a una persona que nunca hubiera contraído la viruela y aplicarle el líquido de una pústula de viruela de otra persona levemente enferma para evitar que enfermase. Tan confiada estaba en el método que le pidió al cirujano escocés Charles Maitland que lo aplicara en su hija pequeña de dos años de edad. El método confería protección, pero tenía desenlaces fatales en un 2-3% de los casos. Era mejor que el 20-30% de muertes que provocaba la viruela, pero suficiente para despertar alarma y precaución en la sociedad de aquel siglo XVIII, que acusaba a quienes apoyaban esta técnica de propagar la mortal enfermedad.

Entonces llegaría el momento de Edward Jenner, posiblemente la persona que más vidas humanas ha salvado en toda la historia. Es el padre indiscutible de la inmunología: creó un método revolucionario para prevenir la viruela que se conoce como inmunización y que ha dado lugar al propio concepto de vacuna. Conocedor de los resultados no del todo exitosos de Mary Wortley y Charles Maitland, Jenner observó unas pústulas de carácter benigno en las manos de algunas lecheras, entre ellas Sarah Nelmes, a quien su vaca Blossom había contagiado de viruela bovina (*Variola vaccina*), que provocaba erupciones semejantes a las que produce la viruela humana (*Variola mayor*). Jenner observó que, por lo general, las ordeñadoras que sufrían este contagio quedaban a salvo de enfermar de viruela común. Como diríamos ahora, se hacían inmunes.

A Jenner se le encendió una lucecita y decidió inocular a una persona sana con la viruela de las vacas (de ahí lo de vacuna) para conferirle inmunidad frente a la peligrosa epidemia de viruela. Probó con un niño de ocho años. No solo le causó unos días de fiebre y malestar inoculándole el extracto de pústulas de una ordeñadora, sino que se la jugó después inoculándole un extracto de pústulas de viruela humana para comprobar que había quedado inmunizado ante la temible enfermedad que diezmaba la población. Por suerte para el niño, para Jenner y para toda la humanidad, aquello funcionó y la inoculación de viruela bovina sirvió y sirve aún para prevenir la viruela humana. Las prácticas de Jenner contarían con el rechazo de la Royal Society de Londres y de buena parte de la sociedad, que consideraba aquello "prácticas anticristianas", pero las esperables reticencias se irían desvaneciendo ante la efectividad del método, y años después tendría lugar la expedición de Balmis, una proeza histórica que se narra en *A flor de piel*, la novela de Javier Moro, y que contó con el trabajo impresionante de Isabel Zendal, quien mantuvo a los 22 niños sanos durante todo el tiempo[5].

Aquello de andar transportando seres humanos inoculados era algo más que engorroso. Había llegado el momento de mejorar la idea, y el famoso microbiólogo y químico francés Louis Pasteur se encargó de ello. Pasteur produjo la primera vacuna en un laboratorio, en este caso contra el cólera aviar. Después vendrían las vacunas contra otras enfermedades graves como la difteria, la tuberculosis, la rabia, las fiebres tifoidea y amarilla, la poliomielitis, el sarampión, la rubéola, la meningitis, el rotavirus y las paperas. La elaboración de todas y cada una de estas vacunas conllevó una combinación de casualidad, observación, método y persistencia (Roura, 2021).

Algunas vacunas se resisten, como la de la tuberculosis, la enfermedad infecciosa más mortal de la historia (causante de más de mil millones de muertes y de un millón y medio solo en el año 2023). Llevamos cien años buscando sin éxito una vacuna eficaz para esta enfermedad. Ya ha pasado un siglo desde que se inventó la única inmunización disponible hasta la fecha, que tiene una eficacia muy limitada. En 1921 se pondría en marcha la vacuna experimental con el bacilo de

---

5. Esta epopeya sobre los inicios de la sanidad pública y la ayuda humanitaria en contra de la superstición, la ignorancia, la corrupción y la codicia llegó a la gran pantalla en una coproducción de RTVE dirigida por Miguel Bardem y titulada *22 ángeles*.

Calmette-Guérin (BCG). La historia nos sonará familiar tras haber repasado la de la viruela. Esta vacuna parte de la inoculación del microbio vivo y debilitado de la tuberculosis bovina en el paciente. Se había comprobado que podía generar anticuerpos en humanos, pero con importantes limitaciones: solo protege de las formas más graves a los niños, no a los adultos, y no funciona contra la forma más común de la enfermedad, la pulmonar. Aunque aún no se ha hallado una sustituta convincente, una de las investigaciones más prometedoras es española. Se trata de la MTBVAC, la única vacuna de nueva generación que utiliza el bacilo vivo y atenuado de *Mycobacterium tuberculosis*. Está inspirada en el método de Louis Pasteur, es decir, quitándole los genes que la convierten en peligrosa, y ha sido diseñada por el grupo de investigación genética del doctor Carlos Martín Montañés, de la Universidad de Zaragoza, y por Brigitte Gicquel, del Instituto Pasteur de París. Ya ha superado la fase I, en la que se comprueba que sea segura, está ahora en fase II, en la que se está determinando su efectividad induciendo defensa inmunológica. Las cosas van lentas con la nueva generación de vacunas a causa de los fondos insuficientes y lo mucho que tarda la enfermedad en presentar síntomas (Herrera, 2021). Mientras tanto, debemos seguir con la antigua vacuna BCG, a la que, como le pasa por ejemplo a la aspirina, cada día se le encuentran nuevos efectos medicinales y terapéuticos.

De todas formas, incluso en el caso de vacunas con efectividad y cobertura moderada, la vacunación reduce de manera importante el número de enfermos y hospitalizaciones. Por ejemplo, la vacuna de la gripe de 2017-2018 evitó más de 91 000 hospitalizaciones solo en EE UU, y eso a pesar de que tiene una efectividad de apenas el 40%, y de que solo un 4% de la población estaba vacunada. Las vacunas rara vez proporcionan una protección total contra la enfermedad, y no todas las vacunas imperfectas son iguales. Aquellas que están diseñadas para reducir la tasa de crecimiento o la letalidad de los patógenos disminuyen la selección contra los patógenos virulentos y pueden llevar a un indeseable incremento de las tasas de mortalidad general. En cambio, las vacunas que bloquean la infección no inducen tales efectos e incluso pueden seleccionar una menor virulencia.

Los indudables beneficios de la "vacuna de la naturaleza" derivada del equilibrio ecológico, algo de lo que hablaremos en el siguiente capítulo y que no es sino una analogía del concepto real de vacuna, no debe hacernos olvidar las auténticas vacunas. Estas han salvado muchas vidas y salvarán muchas más si seguimos confiando en ellas, aunque hay evidentes limitaciones: su coste, la dificultad técnica de desarrollarlas, la constante aparición de nuevos patógenos o de nuevas formas de patógenos ancestrales o las barreras logísticas a la vacunación extensiva de la población, que justifican un replanteamiento de nuestra relación con la naturaleza. Es preciso contar con ella para reducir el riesgo de las infecciones.

Debemos ser conscientes, además, de lo que nos cuenta la historia de la medicina. Las pandemias no se han frenado solo con vacunas, aunque estas hayan amortiguado su impacto y reducido su permanencia y extensión. La historiografía revela que las medidas sociales y los cuidados en el hogar han sido, y siguen siendo, junto a un uso sensato de los medicamentos disponibles y una extremada atención a las medidas de higiene y limpieza, las principales vías para amortiguar los impactos de las pandemias.

No podemos acabar esta sección sobre vacunas sin mencionar una de las mayores estupideces que se hayan dicho nunca al respecto. Hay mucho que aprender de la miopía insensata del entonces primer ministro del Reino Unido Boris Johnson, cuando dijo, a raíz del desarrollo de la vacuna de la covid-19 en 2021, a las puertas del fin de la pandemia: "La razón de nuestro éxito con la vacuna es el capitalismo, es la codicia, amigos". La estupidez que encapsula esta frase es superlativa, no solo por lo que implica vanagloriarse de un sistema socioeconómico que amplifica desigualdades e injusticias, especialmente cuando es espoleado por la codicia, sino porque en aquel entonces Cuba, poco sospechosa de capitalismo, llevaba desarrolladas cinco vacunas y había inmunizado a más de la mitad de su población, y precisamente la codicia de los laboratorios farmacéuticos internacionales estaba dificultando la cesión de patentes y la muy deseable y necesaria vacunación global (Yates, 2021). Los británicos difícilmente estarían más felices con su vacuna que el propio virus de la covid-19 campando a sus anchas en África, Asia e Iberoamérica, ensayando miles de mutaciones y dando rienda suelta a su potencial evolutivo en un planeta mayoritariamente sin vacunar a causa de la codicia del norte global.

Como decíamos unas líneas atrás, la vacunación es una cuestión colectiva, y el éxito de la misma es colectivo o no es éxito. La gran locura de la codicia capitalista también llevó a países en principio "fríos y moderados", como Finlandia, que tenían a punto su propia vacuna, a sucumbir al gran mercado farmacéutico (Kaila y Mäkinen, 2021). Convendría decidir si realmente nos importa la salud de las personas o si primero está satisfacer la codicia, no vaya a ser que, al final, la estupidez de Boris Johnson resulte ser clarividente.

¿Qué batería de defensas contra infecciones está explorando la ciencia médica?

La medicina se inspira a menudo en la naturaleza, y lo hace hasta el punto de que muchas veces la copia casi literalmente. Eso sí, con la diferencia de que puede ensayar alternativas de forma más sistemática y puede encontrar antes la solución. Esto es lo que se ha hecho y se hace con antibióticos y vacunas, pero solo funciona (cuando funciona) con bacterias y microorganismos, y no muy bien con los virus, inmunes a los antibióticos y a menudo resistentes a las vacunas. Un campo tradicionalmente débil de la medicina ha sido precisamente el de los medicamentos para las infecciones virales. Hasta hace poco, cuando alguien caía enfermo con un virus había poco que hacer salvo recomendar descanso y beber líquidos hasta que la enfermedad remitiese. Sabemos, sin embargo, que el mejor momento para atacar a un virus es tan pronto como sea posible.

Los primeros antivirales experimentales se desarrollaron en la década de los sesenta, la mayoría para atacar a los virus del herpes (VHH). Se consiguieron con la dura metodología de ensayo y error, y por suerte las cosas fueron mejorando hasta que a mediados de la década de los ochenta surgieron docenas de tratamientos antivirales que siguen estando disponibles. Para desarrollar los primeros antivirales, los investigadores cultivaron poblaciones de células y las infectaron con los virus objetivo. A continuación, se introducían sustancias químicas y se seleccionaban para un estudio mayor las que parecían tener algún efecto. Este procedimiento de ensayo y error consumía mucho tiempo y, en ausencia de un buen conocimiento acerca de cómo funciona el virus objetivo, no resultaba muy efectivo para el descubrimiento de antivirales con pocos efectos secundarios. Cuando en los años ochenta comenzaron a ser descritas las secuencias genéticas completas de los virus, los investigadores empezaron a entender su funcionamiento y a ir aprendiendo exactamente qué tipo de moléculas podían atacar su estructura.

La idea general detrás del diseño de los antivirales modernos es identificar qué proteínas virales pueden ser debilitadas. Estas proteínas o partes de proteínas deben ser diferentes a las humanas o a las del organismo hospedador para reducir la probabilidad de efectos secundarios. Las proteínas objetivo ideales son aquellas comunes a muchas variedades de un virus, o incluso entre diferentes especies de virus en una misma familia, de tal manera que un único medicamento llegue a ser muy efectivo. Como ocurre con vacunas y antibióticos, los antivirales pueden ir perdiendo efectividad porque los virus suelen ir desarrollando resistencia al encontrar formas de evitar o contrarrestar su mecanismo de acción.

Existe una tercera vía para tratar a los elusivos virus. Además de vacunas y antivirales, una infección por virus puede ser tratada mediante anticuerpos monoclonales, un tratamiento que saltó a la prensa cuando se le aplicó al presidente de EE UU Donald Trump en plena pandemia de la covid-19. Casi nadie había oído hablar de ello hasta entonces. Son anticuerpos sintéticos que emulan a los que nuestro cuerpo genera en presencia de un patógeno. La estrategia, basada en anticuerpos monoclonales, diseña en el laboratorio versiones de estas moléculas que reconozcan objetivos específicos en el virus e impidan su replicación o que eviten que el sistema inmunitario reaccione al virus de forma descontrolada. La técnica para lograr anticuerpos monoclonales consiste en inmunizar ratones "humanizados" (que lleva genes, células, tejidos u órganos humanos funcionales), o bien directamente células humanas, y seleccionar los anticuerpos que se unen al virus. Después se seleccionan aquellos que neutralizan el virus de forma más eficaz en cultivos celulares y se evalúa la protección ante el virus que generan estos anticuerpos monoclonales en modelos animales experimentales como el ratón, el hurón o los macacos. Por último, se comprueba su eficacia y los posibles efectos secundarios no deseados mediante ensayos clínicos en humanos.

La biología molecular es una ciencia pujante que está constantemente abriendo nuevas vías para tratar a los patógenos en general y a los virus en particular, sobre todo a los que se resisten o se reinventan ante los tratamientos tradicionales. El interferón, por ejemplo, es un tipo de proteína del grupo de las citosinas que recibe su nombre por su capacidad para interferir en la replicación del virus o la bacteria. Cuando una célula alberga a un patógeno, o en algunos casos también cuando la célula se vuelve tumoral, produce interferones que quedan en su superficie y señalizan la célula infectada para que pueda ser neutralizada por el sistema inmune y para estimular la respuesta antiviral de las células no infectadas. Los interferones pueden ser sintetizados en el laboratorio y se emplean contra el cáncer y enfermedades autoinmunes como la esclerosis múltiple, además de, claro está, para tratar infecciones.

Los avances en biología molecular han generado toda una revolución en el mundo de las vacunas con el desarrollo de la vacuna ARN, algo que aprendimos durante la covid-19. Dos de las más famosas y eficaces vacunas contra el virus que confinó en casa a medio mundo (las de Moderna y Pfizer) son de ARN. El ARN es mucho más versátil que el ADN, pero desde el punto de vista de su manejo con fines sanitarios o científicos tiene el gran problema de que es inestable, se degrada con facilidad y por ello tiene que tratarse a bajas temperaturas. Las vacunas que emplean el llamado ARN mensajero (ARNm) enseñan a las células a producir una proteína que desencadena una respuesta inmunitaria si la persona se infecta. Los periodistas Nuño Domingo y Artur Galocha (2020) hicieron una descripción extensa, clara y fascinante de las dos vacunas de ARN que nos ayudaron a controlar la covid-19.

El ARN puede resultar más seguro que otras vacunas basadas en ADN, proteínas o virus completos, ya que esta molécula por sí sola no es infecciosa y no es capaz de integrarse en nuestro ADN. Por tanto, no puede causar mutaciones peligrosas que se puedan transmitir de generación en generación. Hoy en día el ARN protagoniza unos 50 ensayos clínicos para probar la efectividad de este tipo de vacunas contra tumores de todo tipo, incluidos los casos más graves en los que hay metástasis. También hay unas 20 vacunas en ensayos contra infecciones de virus como el del sida, la gripe y el zika. Seguro que seguiremos viendo cómo esta molécula permite grandes avances médicos y sanitarios en los próximos años. Por último, cabe añadir que el desarrollo de estas dos vacunas de ARN contra el SARS-CoV2 se realizó en un tiempo realmente récord (algunos meses, frente a la demora habitual de diez años) y ello fue posible gracias a la colaboración de cientos de especialistas y laboratorios del mundo.

Las complejas relaciones entre las vacunas, los microbios, nuestro sistema inmune y el cáncer

Sabemos que existen relaciones complejas entre los microbios o patógenos, nuestro sistema inmune, la respuesta inflamatoria y el cáncer, pero todavía no entendemos muy bien todos los mecanismos implicados. El bacilo Calmette-Guérin (BCG), la cepa atenuada de la bacteria *Mycobacterium bovis* que se emplea para la vacuna contra la tuberculosis, se está usando como tratamiento contra el cáncer de vejiga. Se observa una estimulación del sistema inmune por el BCG que genera a su vez una inflamación de la pared de la vejiga. Esta inflamación acaba destruyendo las células de cáncer dentro de la vejiga, al menos en los primeros estadios del tumor. En realidad, esta es la base de la inmunoterapia, un tratamiento con muchos menos efectos secundarios que la quimioterapia.

Cada vez tenemos más evidencias de que los microorganismos no solo pueden causar infecciones y provocar distintos tipos de cáncer, sino que también pueden ayudar a curar este último. Hace ya más de un siglo, un médico de Nueva York llamado William B. Coley desarrolló un tratamiento contra el cáncer con un preparado de bacterias, "las toxinas de Coley" (McCarthy, 2006). Coley había observado que los pacientes con cáncer que además sufrían una infección bacteriana respondían mejor que los pacientes sin infección. Este médico dedujo que la infección estimulaba al sistema inmune y esta estimulación resultaba además eficaz contra el cáncer. Con esa idea en mente, desarrolló un cóctel con las bacterias *Streptococcus pyogenes* y *Serratia marcescens*, que se inyectaba directamente en el tumor.

Durante muchos años se trató con estos preparados de bacterias y toxinas a muchos pacientes en EE UU que padecían algunos tipos de cáncer incurables. Lo bueno es que se obtuvieron bastantes éxitos, demostrando que la intuición de Coley era correcta: estimular el sistema inmune puede ser efectivo para tratar el cáncer. Por eso, a Coley se le llama "el padre de la inmunoterapia". Sin embargo, las críticas y sobre todo el éxito de los nuevos tratamientos de quimio y radioterapia hicieron que sus toxinas cayeran en el olvido. Actualmente se ha comprobado que el principio básico del tratamiento de Coley era correcto y que algunos tipos de cáncer son sensibles a una estimulación del sistema inmune. Coley ha vuelto a ser recordado durante la covid-19 por el sorprendente caso de curación de un linfoma de Hodgkin tras la infección de un enfermo con el SARS-CoV-2 (López-Goñi, 2021).

Una pandemia abre demasiados frentes a la vez

Las cifras de la gripe cayeron en picado en todo el mundo durante la pandemia. Los casos de gripe descendieron a niveles mínimos, gracias, según los epidemiólogos, a las medidas de salud pública adoptadas para evitar la propagación de la covid-19. Por ejemplo, en EE UU se produjeron unas 600 muertes por gripe durante la temporada de gripe de 2020-2021, frente a las 22 000 del año anterior. Esta abrupta bajada de la incidencia de la gripe revela que en esa temporada no hubo, en realidad, gripe circulando. El que no coincidieran en el tiempo el SARS-CoV-2 y la gripe fue una buena noticia, ya que existía una gran preocupación sobre el riesgo de muerte de las personas infectadas por ambos virus a la vez, especialmente en mayores de 70 años. Pero esta ausencia de gripe genera algunos problemas:

1. Un número de casos tan bajo hace muy difícil planificar la vacuna más adecuada para la temporada de gripe del año siguiente.
2. Los niños pequeños que no han estado expuestos por la pandemia y evitan un caso leve de gripe en ese momento podrían ser más susceptibles de contraer la gripe más adelante, dependiendo de las cepas que circulen en el futuro.
3. La acumulación de personas que pierden protección inmunológica puede dar lugar a un grupo grande de personas susceptibles y generar epidemias de gripe más graves en los años siguientes.
4. Tras una epidemia de gripe de baja intensidad, suelen venir epidemias tempranas que son más intensas y más graves debido a una caída en la inmunidad colectiva.

Algo parecido ha ocurrido con otros virus respiratorios como el sincitial (VRS), un patógeno muy contagioso que causa bronquiolitis y neumonías, sobre todo en los niños y niñas. En el invierno de 2020 hubo muy pocos casos en todo el mundo, debido a las medidas relacionadas con la covid-19. Es bien sabido que la inmunidad protectora contra algunos virus respiratorios se va perdiendo a los pocos meses de estar expuesto al virus, sea por enfermedad o por vacunación, un proceso complejo que se conoce como seroevanescencia. Es más acusada en ancianos y depende de la maduración del sistema inmunológico desde la infancia y de las infecciones reiterativas a lo largo de la vida. El ser humano moderno necesita entrar en contacto periódico con los virus gripales y respiratorios para mantener las epidemias e infecciones graves a raya. Un ejemplo perfecto de lo que podríamos llamar una relación del tipo "ni contigo ni sin ti".

Por otro lado, mientras estábamos ocupados con la covid-19, otros patógenos entraron hasta la cocina. A medida que la covid-19 avanzaba entre la población mundial, los hospitales y las residencias de ancianos utilizaban y reutilizaban los escasos equipos de protección (mascarillas, guantes, batas). Esta frugalidad desesperada ayudó a evitar la transmisión del coronavirus por el aire, pero también contribuyó a la propagación de ciertas bacterias y hongos resistentes a los medicamentos, que aprovecharon el caos de la pandemia para crecer de forma oportunista en los centros sanitarios de todo el mundo. El hongo *Candida auris*, causante de peligrosas infecciones sanguíneas y varios problemas graves en pacientes hospitalizados, aumentó su presencia debido, entre otras causas, a las dificultades de realizar pruebas para detectar este patógeno cuando los recursos para las pruebas se destinaron masivamente a la covid-19. También aparecieron en mayor número las bacterias nocivas resistentes a los antibióticos, como *Acinetobacter baumannii*, una bacteria resistente a los carbapenémicos, considerada una amenaza sanitaria urgente y que fue registrada en varios hospitales de Norteamérica colapsados por pacientes de covid-19. También se detectaron brotes de la bacteria *Klebsiella pneumoniae* en hospitales de Italia y Perú.

Todo esto, tanto la pérdida de inmunidad cuando nos protegemos de la covid-19 como cuando nos desprotegemos ante muchos patógenos al centrarnos en solo uno de ellos debe hacernos reflexionar sobre nuestra relación con la naturaleza y nuestra pertinaz y ofuscada tendencia a artificializarlo todo. Es sencillamente imposible protegernos de todos los patógenos a la vez. Antibióticos, vacunas y hospitales son insuficientes, llegan tarde y deben ser empleados con mucha más moderación, pues no están exentos de riesgos. La verdadera esperanza para nuestra salud nunca podrá descansar completamente en el sistema sanitario, sino, como desarrollaremos más adelante, requiere una alianza con la naturaleza que nos permita aprovechar las múltiples formas en que los ecosistemas bien conservados reducen los riesgos de infecciones.

La mejor estrategia es la prevención, pero no nos entusiasma invertir en algo que no ha sucedido aún

La verdad es que resulta muy difícil comprender que toda la evidencia científica sobre la ecología de las zoonosis no se haya incluido explícitamente en una estrategia de prevención. Precisamente Roche y colaboradores se preguntaban durante el segundo gran rebrote de la pandemia si la covid-19 no se podría haber evitado, teniendo en cuenta la información ecológica y evolutiva de este tipo de enfermedades emergentes disponible desde hace años (Roche *et al.*, 2020). La ecología evolutiva de los patógenos permite comprender mejor no solo las causas fundamentales de las zoonosis, sino idear soluciones para prevenir la aparición de futuras pandemias. Falta la integración de enfoques ecológicos y evolutivos en la investigación de las pandemias y, sobre todo, en su modelización y prevención. La investigación y la prevención no deben centrarse solo en los aspectos epidemiológicos, biomédicos y sanitarios clásicos. Diversos expertos han incidido en la importancia de una agencia con expertos de disciplinas muy variadas (modelizadores, físicos, matemáticos, químicos, biólogos, ecólogos, sociólogos, economistas, antropólogos y psicólogos, entre otros) para reducir los riesgos de pandemias y para poder abordarlas en sus fases más tempranas, cuando la acción es más eficaz. Esta agencia transdisciplinar debería estar activa de forma permanente y no solo durante los brotes epidémicos, y debería establecerse en estrecha coordinación internacional con los centros y agencias relacionadas con el seguimiento y la prevención de epidemias que existan en todos y cada uno de los países del mundo. Una agencia de estas características supondría una importante inversión en la salud de la humanidad.

Las estrategias actuales de preparación para una pandemia tienen como objetivo controlar las enfermedades una vez que surgen. Nuestro enfoque habitual se basa en la contención y el control después de que ha surgido la enfermedad, y en el desarrollo de vacunas y tratamientos sanitarios en lugar de reducir el riesgo de que surja una pandemia. No se pueden ignorar los cambios ambientales y sociales en las estrategias de prevención porque su notable correlación con la aparición de enfermedades está bien demostrada (IPBES, 2020). En la prevención es clave poder predecir los orígenes geográficos más probables de futuras pandemias, identificar las especies de fauna que actúan como principales reservorios y determinar los patógenos que pueden saltar a la especie humana con mayor facilidad. Todos hemos escuchado la importancia de alcanzar la inmunidad de rebaño, es decir, de lograr un alto porcentaje de la población que esté inmunizada ante la infección, bien por la vacuna o bien por haber generado inmunidad tras contraer la enfermedad.

Los objetivos de desarrollo sostenible (ODS) suponen una excelente relación de metas a medio y largo plazo para un mundo mejor. Sin embargo, su aplicación va muy lenta desde que se presentaron en 2015, y hay que revisarlos a la luz de los nuevos impactos que estamos causando en la salud planetaria. Naidoo y Fisher (2020) muestran que dos tercios de las 169 metas de los ODS están amenazados por pandemias como la covid-19. Pero aún preocupa más que el cumplimiento de algunas de estas metas podría de hecho amplificar los problemas que pretenden resolver; un 10% de las metas de los

ODS, por ejemplo, pueden amplificar los impactos de futuras pandemias. Resulta, por tanto, urgente una revisión profunda de los objetivos. Naidoo y Fisher plantean, además, que esa revisión pasa necesariamente por desacoplar el desarrollo del crecimiento. Y ahí nos enfrentamos cara a cara con la esencia de nuestro sistema socioeconómico. El principal obstáculo para la reconversión socioeconómica profunda, que se reclama desde cada vez más sectores de la sociedad y que la pandemia muestra como algo apremiante, no es la falta de modelos económicos alternativos o de conocimientos y tecnologías adecuados, sino que aún dudamos de que sea tan necesaria. O dicho de un modo más sencillo, el principal obstáculo para una reconversión socioeconómica profunda es que no queremos hacerla.

Ante los grandes desafíos actuales de la humanidad, como el riesgo de pandemias y el avance acelerado del cambio climático, nuestros políticos están bloqueados. Hace ya más de 15 años que el entonces secretario de Salud y Servicios Humanos de EE UU, Michael Leavitt, resumió muy bien las razones de este bloqueo general e histórico de los políticos actuales: "Todo lo que hagamos antes de una pandemia parecerá alarmista. Todo lo que hagamos después parecerá insuficiente". Por tanto, resolver estos problemas globales requiere cambiar el tipo de político que nos gobierna o tomar cartas en el asunto nosotros mismos. O las dos cosas.

CAPÍTULO 4

El equilibrio ecológico

La mejor vacuna la teníamos y nos la hemos cargado

Si seguimos el refrán según el cual nos acordamos de Santa Bárbara cuando truena, en plena crisis del coronavirus deberíamos habernos acordarnos más que nunca de la biodiversidad. ¡Pero ni tronando nos acordamos de la biodiversidad! Décadas atrás, la ciencia revisó y comprobó el papel protector de la biodiversidad ante virus parecidos e incluso mucho más peligrosos que el coronavirus. Una única especie, *Homo sapiens*, está haciendo desaparecer la biodiversidad global, amenazando a más de un millón de otras especies. Esto es tan preocupante como paradójico, ya que a los múltiples beneficios de la biodiversidad se suma uno clave, especialmente en este abrupto comienzo de siglo XXI: nos protege de enfermedades infecciosas. La existencia de una gran diversidad de especies que actúan como huésped limita la transmisión de enfermedades como el coronavirus o el ébola, ya sea por el efecto de dilución o por el de amortiguamiento. Más del 70% de las infecciones emergentes de los últimos 40 años han sido zoonosis (Jones *et al.*, 2008), es decir, enfermedades infecciosas de animales que se transmiten al ser humano. Con frecuencia, en estas zoonosis hay varias especies implicadas, con lo que los cambios en la diversidad de animales y plantas afectan a las posibilidades de que el patógeno entre en contacto con el ser humano y lo infecte.

El efecto protector de la biodiversidad por dilución fue planteado por Keesing *et al.* (2006) y demostrado unos años más tarde por numerosos científicos en estudios de varios tipos de infecciones causadas por virus y bacterias. Por ejemplo, el efecto dilución, por el cual la biodiversidad disminuye el riesgo de contagio de patógenos al ser humano, se demostró para el caso del virus del Nilo occidental y la diversidad de aves hace más de 15 años, aunque estudios posteriores han mostrado excepciones y una compleja casuística.

Con la simplificación a la que sometemos a los ecosistemas, eliminando especies y reduciendo procesos ecológicos a su mínima expresión, estamos aumentando los riesgos para la salud humana a gran escala. El virus del Nilo, la gripe aviar, la fiebre hemorrágica de Crimea-Congo, el virus del Ébola, la enfermedad por virus de Marburgo, la fiebre de Lassa, el coronavirus del síndrome respiratorio de Oriente Medio (MERS-CoV), el síndrome respiratorio agudo grave (SARS), el virus de Nipah, las enfermedades asociadas al henipavirus, la fiebre del valle del Rift, el virus del Zika y muchas enfermedades más son zoonosis que figuran en la lista de enfermedades prioritarias establecida por la OMS en 2018.

La primera conexión que se hizo entre la covid-19 y el medioambiente fue la reducción efímera y casi anecdótica de las emisiones de gases de efecto invernadero. Le seguiría la de una naturaleza que recuperaba espacio cuando el ser humano se quedaba confinado en casa. Sin embargo, la conexión más relevante es precisamente la contraria. No es tanto cómo el coronavirus afecta a los ecosistemas y al medioambiente, sino cómo estos afectan al coronavirus. Se nos olvida la importante labor protectora ante infecciones, epidemias y pandemias que juega una naturaleza bien conservada (figura 1). Tiene que ocurrir una catástrofe para que algunos refresquemos la hemeroteca y, escarbando en la literatura científica, encontremos razones para conservar la biodiversidad más allá de las éticas.

Muchos ven en la ganadería, en la agricultura y en la avicultura intensivas, así como en el creciente mercado de animales exóticos, la causa de los brotes epidémicos actuales y de otros previos como el SARS-CoV en 2002, la gripe aviar (H5N1) en 2003, la gripe porcina (H1N1) en 2009, el MERS-CoV en 2012, el ébola en 2013 o el zika (ZIKV) en 2015. La extensión de monocultivos genéticos de animales domésticos, por ejemplo, elimina los cortafuegos inmunológicos más importantes que podrían ralentizar la transmisión. El gran tamaño de estas instalaciones permite albergar en ellas un número muy elevado de animales, lo que aumenta astronómicamente las tasas de transmisión. Además, las condiciones de hacinamiento deprimen la respuesta inmune. El alto rendimiento, esencial en cualquier producción industrial, proporciona un suministro de organismos susceptibles que es renovado continuamente y que sirve de combustible para la evolución de la virulencia. En otras palabras, el agronegocio está tan centrado en las ganancias que la selección de un virus que podría matar a millones de personas se ha querido ocultar o al menos se ha considerado un riesgo aceptable.

Para reducir la aparición de nuevos brotes de virus peligrosos, la producción de alimentos tiene que cambiar radicalmente. Una mayor autonomía de los agricultores y un sector público más fuerte y mejor informado pueden frenar los problemas ambientales y las infecciones descontroladas. La covid-19 evidenció la conveniencia de introducir diversidad en las variedades de ganado y cultivos como parte de una reestructuración estratégica, tanto a nivel de granja como a nivel regional e internacional.

Al igual que con un incendio, cuando se está en fase de pandemia o prepandemia es que ya hemos fracasado. Es un fracaso que se queme el monte, por mucho que logremos apagar el fuego, y es un fracaso reducir y controlar una pandemia, porque millones de personas han muerto en el camino y cientos de millones de personas han sufrido trastornos físicos, psíquicos y económicos. La mejor estrategia, la más eficiente, la más sostenible, y sorprendentemente también la más viable, es rodearnos de ecosistemas saludables, funcionales y ricos en especies. La mejor vacuna, preventiva y genérica, es una naturaleza bien conservada. Tan obvio que se nos olvida o no queremos verlo[6].

Inmunidad de paisaje, la protección que brinda una naturaleza en buen estado

Por desgracia, las primeras especies que desaparecen de los ecosistemas son las que más reducen la transmisión de patógenos. Se vio con el virus del Nilo y la pérdida de biodiversidad de aves; con el síndrome pulmonar por hantavirus y la escasez de pequeños mamíferos, y con la enfermedad de Lyme, una infección bacteriana peligrosa para los seres humanos. En este último caso, se ha constatado que la desaparición de zarigüeyas (marsupiales americanos muy sensibles a la degradación ambiental) y la proliferación, en su lugar, de especies más adaptables como el ratón de pies blancos, aumentan la frecuencia de transmisión a humanos del patógeno causante de la enfermedad de Lyme.

Los cambios globales en el modo y en la intensidad del uso del territorio están creando cada vez más interfaces peligrosas entre las personas, los animales domésticos y los reservorios de enfermedades zoonóticas de la fauna silvestre. En EE UU se observó que la fragmentación del bosque conllevaba un porcentaje mayor de garrapatas portadoras de la enfermedad de Lyme. La deforestación tropical y en particular la expansión de cultivos de palma de aceite a costa del bosque nativo traen consigo un incremento significativo de las enfermedades infecciosas de origen animal (zoonosis). Por ejemplo, la superficie de palmeras plantadas se duplicó durante el periodo 1990-2016 y las zoonosis se multiplicaron por cinco en ese mismo tiempo. Las plantaciones de palma aceitera son una amenaza global para la biodiversidad y para sus múltiples

---

6. Inspirado y adaptado de Valladares (2020).

funciones ecológicas. Generan, además, un grave problema social, económico y sanitario. Por si había pocas razones para luchar contra las plantaciones de palma de aceite, ahora tenemos una más, ya que estas plantaciones se asocian con un incremento de zoonosis peligrosas.

Un análisis de los cien brotes zoonóticos más grandes en los últimos 30 años apunta a la intensificación agrícola como un factor clave en el resurgimiento de infecciones antiguas como el ántrax, la brucelosis y la salmonelosis. Es cierto que todavía no entendemos del todo la compleja serie de mecanismos que se disparan con la degradación ambiental y que generan una auténtica cascada de infección y propagación de los patógenos capaces de infectar al ser humano. Pero sabemos que conservar ecosistemas funcionales y ricos en biodiversidad permite alcanzar lo que se conoce como "inmunidad de paisaje". Esta inmunidad es un concepto análogo a la inmunidad *stricto sensu*, y recoge la idea de que unas condiciones ecológicas favorables reducen el riesgo de propagación de los patógenos desde los reservorios animales a los humanos. La eliminación de especies exóticas invasoras y la restauración de vegetación autóctona son ejemplos de contramedidas ecológicas eficientes para reducir los riesgos de infecciones en humanos. Esto se vio con la enfermedad de Lyme en la costa este de EE UU, donde la eliminación del agracejo japonés, un arbusto exótico muy extendido en la zona, redujo tanto la cantidad de animales que actúan como reservorios de la enfermedad (ratones, especialmente), como de los vectores de la enfermedad (garrapatas). Por tanto, corrigiendo la expansión de la planta exótica se redujo mucho el riesgo de contraer la enfermedad de Lyme y se pudieron reanudar las muchas actividades humanas al aire libre que son claves para la economía y la salud física y mental de la población local.

La conservación de ecosistemas ricos y funcionales es, por su carácter preventivo, una auténtica prioridad sanitaria que va desde la escala local hasta la planetaria. Esta conexión estrecha entre la salud de los ecosistemas y la salud humana, evidenciada en numerosos casos de enfermedades infecciosas de origen animal (zoonosis), hace que la restauración ecológica sea, para sorpresa de muchos, un auténtico servicio de salud pública (Reaser *et al.*, 2021). La restauración ecológica y la idea de inmunidad de paisaje son claves en el concepto de salud planetaria y en el desarrollo de los proyectos en el marco One Health de las Naciones Unidas.

La proporción de especies portadoras de infecciones crece con la degradación ambiental

Nuestra adicción a comer animales, criarlos y tenerlos cerca para alimentarnos de ellos a discreción, especialmente desde el Neolítico, no es una idea tan buena como pudo parecer en un primer momento. Los animales que se acostumbran al ser humano traen problemas, y no solo logísticos. Pensemos que los mamíferos que más humanos matan no son ni leones ni tigres ni lobos, sino aquellos que albergan patógenos capaces de infectarnos. Una concienzuda revisión de los datos para las distintas especies de mamíferos (Johnson *et al.*, 2020), su abundancia y su riesgo para la salud humana demostró que las especies de mamíferos más abundantes, bien porque viven en ecosistemas degradados o humanizados, o bien porque directamente son especies domésticas, son las que más amenazan nuestra salud. Tristemente, al humanizar ecosistemas nos vamos quedando con las especies que más daño pueden infligirnos (figura 2).

Al extinguir especies, no solo ocurre que la biodiversidad deja de cumplir su función de control y regulación del riesgo de infecciones, sino que también favorecemos a las especies que contienen más patógenos peligrosos para el ser humano. La frecuencia de especies portadoras de patógenos peligrosos para el ser humano crece con la degradación del ecosistema (Gibb *et al.*, 2020). Esta tendencia, que se había visto ya para zoonosis muy bien estudiadas como la enfermedad de Lyme en la costa este de Norteamérica, se comprobó para grupos de organismos tan variados como aves, roedores y murciélagos.

¡Vaya paradoja, la de rodearnos precisamente de las especies más peligrosas! Lo peor es que mientras tomamos conciencia de este riesgo seguimos exterminando, consciente o inconscientemente, a los mamíferos y a las aves que nos protegen de infecciones y que hacen posible toda una serie de procesos ecológicos imprescindibles para nosotros.

FIGURA 2

Efecto de la degradación ambiental (comparación de un ecosistema secundario, muy gestionado o urbano con un ecosistema bien conservado de referencia) en la abundancia de aves y roedores que son o no hospedadores de patógenos que pueden dar lugar a zoonosis.

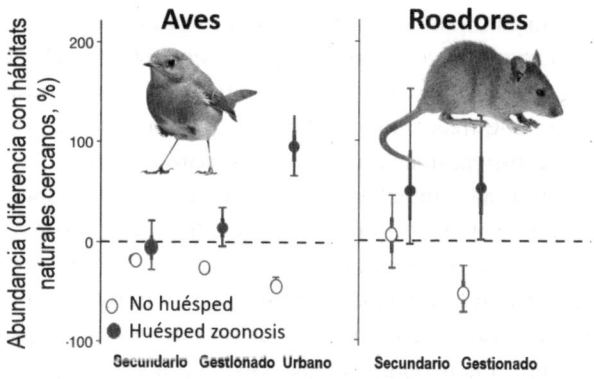

FUENTE: ELABORADO A PARTIR DE GIBB ET AL. (2020).

Comida de monte, tráfico ilegal de especies y mercados insalubres: tres bombas de relojería

La principal causa de las nuevas enfermedades que aquejan al ser humano está en la intensificación de la caza y en la búsqueda de nuevas fuentes de comida de origen animal. Concretamente, en la producción y el consumo de carne. La carne de macrogranjas y la introducción de nuevas especies en nuestra dieta ha cuadruplicado los brotes zoonóticos, esas infecciones animales que saltan a humanos y que ya son la mayoría de nuestras nuevas enfermedades. Esto lo explica la Organización de la Naciones Unidas para la Alimentación y la Agricultura (FAO) desde hace décadas. El tráfico ilegal de especies, la caza de subsistencia (la comida de monte o *bushmeat*) y las condiciones insalubres de transporte y manipulación de especies vivas en numerosos mercados sin control sanitario en Asia, África o América incrementan los riesgos de que nuevas enfermedades infecciosas alcancen a la especie humana. Existen numerosos estudios que demuestran la aparición de brotes infecciosos asociados a la caza de animales salvajes. Por ejemplo, en la República Democrática del Congo se ha documentado la presencia de anticuerpos del peligroso virus del Ébola en personas implicadas en la captura y venta de comida de monte, que pasaron desapercibidas al no mostrar síntomas de la enfermedad (Lucas *et al.*, 2020). La manipulación, transporte y comercialización de la fauna silvestre acrecienta la carga de patógenos de los animales manipulados, ya que, al encontrarse inmunodeprimidos por estrés y malnutrición, amplifican el riesgo de infección.

Comer animales salvajes es la única opción alimenticia para muchas comunidades, pero esto conlleva riesgos muy graves para la salud de la humanidad, como hemos visto con la crisis del coronavirus y como vivimos, por ejemplo, con el ébola y los murciélagos o el SARS y las civetas. Sin embargo, la biodiversidad nos protege de infecciones, tal como aprendimos hace años con el virus Hanta, por ejemplo. Hay que encontrar un nuevo equilibrio global entre el comer y el proteger a los animales salvajes, porque en ambas cuestiones nos va, literalmente, la vida.

Los riesgos y los impactos potenciales de nuevas zoonosis no paran de crecer

La biodiversidad cuenta con su propio panel de expertos, análogo al IPCC, el comité responsable de 30 años de informes de cambio climático. Se llama IPBES (Plataforma Intergubernamental sobre Biodiversidad y Servicios de los

Ecosistemas) y sus expertos calcularon durante el confinamiento de la covid-19 que prevenir pandemias mediante la conservación de la naturaleza es del orden de mil veces más económico que hacer frente a una sola (Dobson *et al.*, 2020). Estudios posteriores refinaron estos cálculos y mostraron que frenar nuevas pandemias de origen animal costaría algo más, pero que apenas llegaría al 5% de las pérdidas que provocan (Bernstein *et al.*, 2022). En cualquier caso, es evidente que el enfoque sanitario actual, basado en la reacción, es no solo inadecuado, sino muy costoso. El enfoque más razonable, con criterios tanto ambientales como económicos, es detectar nuevas enfermedades infecciosas de manera temprana, contenerlas y luego desarrollar vacunas y terapias para controlarlas.

Con la covid-19 el fracaso fue tan estrepitoso como doloroso. Solo tenemos que recordar las 15 millones de muertes humanas y los enormes impactos económicos asociados a esta pandemia. Se estima que el producto interior bruto global cayó un 4% en el primer año de la pandemia, algo que no había ocurrido desde la Gran Depresión que precedió a la Segunda Guerra Mundial. Solo en el sector del turismo las pérdidas económicas mundiales se estiman en más de 4 billones de euros para 2020 y 2021, una cifra astronómica, equivalente a tres veces el producto interior bruto de España. Con todo ese dinero se habrían podido poner en marcha estrategias muy exitosas de prevención basadas en la naturaleza. Pero por alguna razón no lo hicimos, y no parece que vayamos a hacerlo.

Tanto o más preocupantes que los costes económicos de las pandemias son sus riesgos de aparición: no solo son muy altos, sino que crecen de un año para otro. Estamos descubriendo dos nuevas especies de virus en humanos cada año, y las cifras globales son aún más alarmantes, ya que se estima que existen alrededor de 1,7 millones de virus en mamíferos y aves todavía sin conocer por la ciencia, y de ellos la mitad, es decir, unos 850 000, podrían ser capaces de infectar a los seres humanos. El paso de estos virus a los humanos está impulsado por las mismas actividades que deterioran el funcionamiento de los ecosistemas y disminuyen la biodiversidad. Las conocemos bien. Son, en esencia, tres: la deforestación y degradación de los ecosistemas, la expansión e intensificación agrícola y ganadera, y el comercio y consumo de vida silvestre. Para dimensionar estos riesgos, recordemos que una de cada cuatro especies de vertebrados existentes se comercializa a nivel mundial, y que solo el cambio de uso del suelo provocó la aparición de una tercera parte de todas las nuevas enfermedades humanas notificadas desde 1960. No puede estar más claro por dónde hay que empezar si de verdad nos preocupa nuestra salud presente y futura.

El primer mecanismo protector de la biodiversidad: regulación demográfica de especies portadoras

Existen tres mecanismos básicos por los cuales la biodiversidad reduce el riesgo de que las infecciones de origen animal afecten al ser humano (figura 3). Los ecosistemas complejos y ricos en especies e interacciones evitan que alguna de ellas llegue a dispararse demográficamente. Las especies de un ecosistema, al interaccionar entre sí, se regulan entre ellas. El resultado es un complejo equilibrio multidimensional del que ninguna especie tiene fácil escapar. Pero en el momento en que empiezan a faltar especies, esta regulación demográfica flaquea. Esta red compleja de animales, compuesta por especies de distintos grupos funcionales interaccionando entre sí, previene que especies reservorio de patógenos crezcan demográficamente sin control. Unas comen a otras o son comidas por otras. Unas necesitan de otras para completar su ciclo vital, otras compiten, otras se ayudan. Lo contrario ocurre en sistemas simplificados, con pocas especies, donde cualquiera de ellas tiene bastante fácil escapar al control y convertirse en una plaga o incrementar los riesgos de un salto zoonótico si lleva consigo algún tipo de patógeno peligroso.

FIGURA 3

La biodiversidad reduce los riesgos de que una infección animal afecte a los humanos mediante al menos tres mecanismos generales: 1) mediante el control poblacional de especies reservorio, portadoras del patógeno; 2) mediante la dilución de la carga vírica o bacteriana en el medioambiente debido a la coexistencia de muchas especies similares que comparten el virus o la bacteria; y 3) mediante la amortiguación de la enfermedad gracias a la diversidad genética dentro de una especie, la cual reduce su transmisión y prevalencia.

FUENTE: ELABORACIÓN PROPIA.

Las interacciones entre especies pueden dar lugar a una regulación muy fina de los patógenos. Por ejemplo, se ha visto que la población de una especie portadora de un patógeno tiene menos carga del patógeno cuando es regulada por un predador que cuando es regulada por el propio patógeno. Tanner *et al.* (2019) lo demostraron para el caso de la tuberculosis animal en jabalíes: cuando los lobos regulaban la población de los primeros, estos tenían menor carga de la enfermedad que cuando, en ausencia de lobos, eran regulados por la propia tuberculosis. La ausencia de predadores naturales dispara las poblaciones de ciervos, jabalíes y corzos, y estas poblaciones descontroladas mantienen otras grandes y crecientes de garrapatas en diversos países templados como España. Estas garrapatas representan un riesgo para humanos, ya que son vectores de diversas enfermedades causadas por virus y bacterias. Su creciente abundancia es uno de los factores que explican la reaparición en nuestro país de la fiebre hemorrágica de Crimea- Congo, una enfermedad infecciosa potencialmente peligrosa causada por un virus (Nairovirus), con una letalidad de entre el 10 y el 40%. Este virus es ya bastante común en la zona centro de la península ibérica, pero su incidencia en humanos es, al menos de momento, escasa y puntual. Se trata de una manifestación más del alcance que pueden tener las alteraciones de las redes de interacciones entre animales causadas por el ser humano, que extingue a algunos e introduce o favorece a otros, alterando equilibrios que acaban impactando en su propia salud.

El segundo mecanismo protector de la biodiversidad: dilución de la carga del patógeno

La presencia de especies distintas pero lo bastante similares como para compartir patógenos diluye la cantidad total del patógeno y reduce los riesgos de que salte a especies evolutiva o funcionalmente alejadas, y en particular al ser humano. Este mecanismo protector se estudió con la diversidad de aves en el caso del virus del Nilo occidental (figura 4). Esta enfermedad alarmó a la sociedad española a finales del verano de 2020, cuando, en pleno confinamiento por la covid-19, saltaron brotes localizados, pero mortales, en el valle del Guadalquivir. El virus sigue dando problemas en esta zona rica en marismas y arrozales que favorecen al vector, el mosquito, que traslada la enfermedad entre las aves y ocasionalmente la pasa a los humanos. La alarma por algunos fallecimientos debidos a este virus ha incrementado la fumigación con plaguicidas, una práctica que debería ser puntual y excepcional, pero que acaba convirtiéndose en uno de los suicidios en diferido más habitual para los humanos. No sé si hace falta volver a recordar a Rachel Carson y su primavera silenciosa, y que aquel DDT mortal y prohibido sigue empleándose junto a diversos agroquímicos, plaguicidas y fitotóxicos que nos envenenan a todos, humanos y no humanos.

FIGURA 4

La biodiversidad dentro de un mismo grupo funcional o taxonómico de especies reduce los riesgos de que los patógenos salten a otras especies como la humana. El mecanismo se conoce como efecto dilución y se debe al hecho de compartir patógenos entre especies que no son todas igual de favorables para el patógeno, con lo que la prevalencia de la enfermedad y la carga global del patógeno disminuyen. Esto se ha demostrado para el virus del Nilo occidental, cuyo reservorio son las aves. Ostfeld (2009) encontró en tres años distintos que la incidencia del virus en humanos disminuía muy significativamente con la diversidad de aves en la costa este de EE UU.

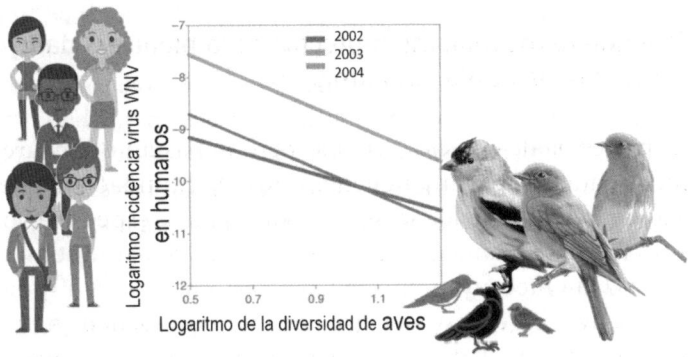

FUENTE: ADAPTADO DE OSTFELD (2009).

Estudios de hace más de una década en EE UU, como los de Ostfeld (2009), mostraron con claridad que la diversidad de aves que son hospedadoras o reservorio de patógenos reducía el riesgo de que el virus pasase a humanos. En otras palabras, no es lo mismo tener en una determinada región medio millón de aves de dos o tres especies, a que ese medio millón de aves pertenezca a 50 o 60 especies diferentes. Por ser aves, y por tanto similares fisiológica y genéticamente, comparten los patógenos, pero no todas las especies serán igual de favorables al patógeno y, por tanto, la prevalencia de la enfermedad y el impacto potencial del patógeno sobre otras especies, incluyendo la humana, será mucho menor. El mecanismo de dilución se ha comprobado en diversos grupos de aves y de mamíferos, como los roedores, y para varios patógenos tanto de naturaleza vírica como bacteriana. No obstante, la situación es más compleja y hay factores que interfieren con este efecto de la biodiversidad en los saltos zoonóticos, algo que revisaremos más adelante.

El tercer mecanismo protector de la biodiversidad: la diversidad genética

A todos nos quedó muy claro durante la covid-19 el importante efecto de la diversidad genética en el riesgo de contraer la enfermedad y, sobre todo, en la severidad de los síntomas una vez contraída. No hubo dos humanos que sufrieran la covid-19 de la misma manera. Indudablemente, padecer sobrepeso o tener un mal estado de salud agravaron los síntomas, y hubo influencias también del sexo y la edad. Los varones de más de 60 años y con sobrepeso fueron los que peor lidiaron con la enfermedad. Las diferencias genéticas entre unos humanos y otros tuvieron una incidencia directa en la relación con la enfermedad. Fue un caso más de lo que se conoce como amortiguación de la enfermedad, que no es otra cosa que una disminución del impacto de una epidemia, asociada al nivel más fino de biodiversidad: la diversidad genética dentro de una especie. Si todos hubiéramos sido genéticamente idénticos y el virus se hubiera adaptado bien a esa genética, el impacto de la covid-19 hubiera sido mucho mayor de lo que fue.

Las actividades ganaderas de alta densidad generan condiciones de gran riesgo de infecciones, y por ello los animales están tratados con dosis extremas de antibióticos, pero los antibióticos no sirven contra los virus, las bacterias adquieren resistencia y los protocolos sanitarios fallan ocasionalmente, provocando situaciones puntuales de grave riesgo sanitario para la población humana, como hemos visto en el caso de la gripe aviar. En las granjas industriales, el mecanismo de amortiguación apenas opera porque todos los animales son genéticamente muy similares. Las granjas industriales son un entorno muy favorable para que los animales salvajes contagien al ganado, que actúa como incubadora eficaz de cepas de virus pandémicos. La aparición del virus Nipah en Malasia tuvo lugar en una enorme granja de cerdos rodeada de bosques autóctonos de árboles de mango. Esta situación creó condiciones favorables para el contagio del virus Nipah de los murciélagos a los cerdos, de los cuales saltó a las personas.

La baja diversidad genética y el hacinamiento propician focos de infección capaces de adaptarse a los seres humanos, con el consiguiente riesgo de pandemia. Cada cierto tiempo se describen nuevos patógenos potencialmente peligrosos en estas explotaciones. Un estudio de Sun *et al.* (2020) ha comprobado la infectividad en humanos de un nuevo virus llamado G4, similar al de la gripe que provocó la pandemia de 2009 y que contenía fragmentos de otros virus como el de la gripe aviar de Eurasia EA H1N1. Este nuevo virus lleva presente desde 2016 en los cerdos de granjas industriales en China, y se ha comprobado que el 10% de los trabajadores en estas granjas son seropositivos. El valor sube al 20% en los trabajadores entre 18 y 35 años. Esta notable infectividad del G4 podría permitirle una adaptación rápida a la especie humana, y le hace candidato para convertirse en el causante de una nueva pandemia. Es solo un ejemplo. Por desgracia, hay bastantes más.

Controversia y limitaciones de 'la vacuna de la biodiversidad'

El mecanismo mejor documentado mediante el cual la biodiversidad nos protege de las zoonosis, el de dilución de la carga del patógeno al compartirse entre distintas especies similares, ha sido cuestionado en algunos estudios que obtienen resultados que parecen no encajar del todo con esta idea. Una limitación proviene del hecho de que los principales estudios apoyando este mecanismo provienen de Estados Unidos y no hay otros análogos provenientes de Europa y otras regiones, donde los resultados son más complejos. Es siempre recomendable leer la crítica de Randolph y Dobson (2012). Una forma de resolver las controversias suscitadas por los estudios que no encontraban menor riesgo de enfermedad con niveles altos de biodiversidad es considerar la evolución temporal de las comunidades y el estado de biodiversidad del que partían las comunidades estudiadas. Con el paso del tiempo, algunos ecosistemas evolucionan enriqueciéndose y otros empobreciéndose en especies, y un análisis detallado de esta evolución temporal permite resolver algunas de las principales discrepancias entre estudios (Halliday *et al.*, 2019).

FIGURA 5
Los niveles de infección inicial en un ecosistema dado pueden ser altos o bajos con independencia de sus niveles de biodiversidad. Esto ha dado lugar a cierta controversia sobre el efecto protector de la diversidad ante infecciones. Sin embargo, es preciso estudiar qué ocurre a medida que transcurre el tiempo. Con el paso del tiempo, los ecosistemas con alta biodiversidad evolucionan hacia situaciones con menor nivel de infecciones en comparación con la evolución que se observa en ecosistemas con bajos niveles de biodiversidad, aunque en un momento puntual se puedan encontrar diferentes combinaciones de biodiversidad y nivel de infección. Cada figura diferente representa una especie diferente, y los pequeños puntos negros muestran al patógeno, el agente causal de la infección.

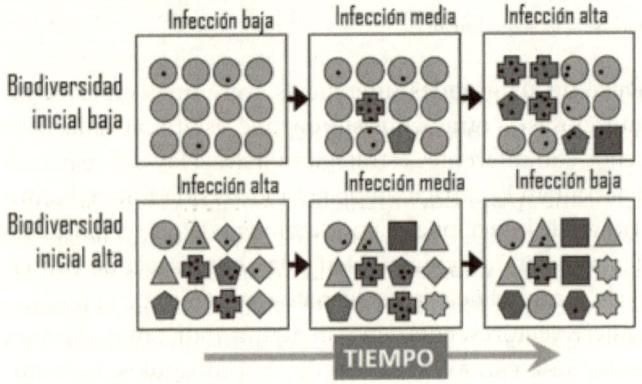

FUENTE: ADAPTADO DE HALLIDAY *ET AL.* (2019).

FIGURA 6
El papel protector de la biodiversidad varía en función tanto de la probabilidad de que el patógeno interaccione con esa biodiversidad como de la abundancia de propágulos infecciosos que genere el patógeno. Cuando hay poca interacción entre el patógeno y la biodiversidad (como en las enfermedades de transmisión sexual o ciertas diarreas) o cuando la cantidad de elementos contagiosos que se vierten al ambiente es astronómica (como en la tuberculosis o del sarampión), la biodiversidad poco puede hacer por reducir los riesgos de infección.

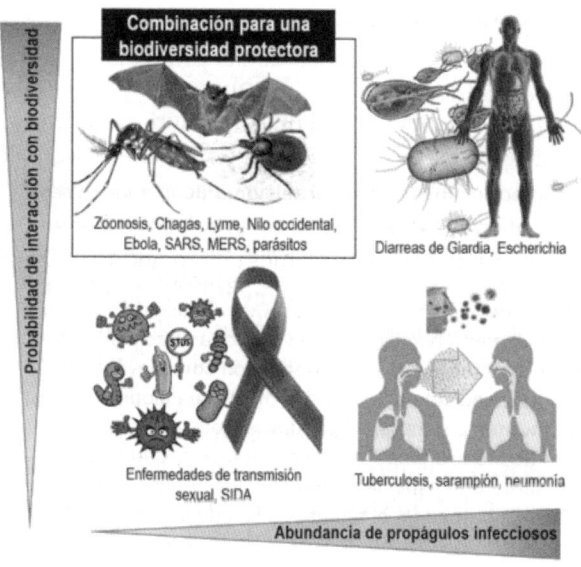

FUENTE: ADAPTADO DE ROHR ET AL. (2020).

Parte de las grandes diferencias entre unas enfermedades infecciosas y otras consiste en que están causadas por patógenos con diferentes estrategias vitales. Hay dos aspectos que determinan la capacidad de la biodiversidad de reducir o no el riesgo de infecciones: la probabilidad de que el patógeno interaccione con la biodiversidad y la abundancia de propágulos o la cantidad de copias del patógeno. Cuando el patógeno requiere vectores, entra en contacto con distintas especies y produce una cantidad moderada de propágulos, la biodiversidad funciona bien reduciendo riesgos. Es el caso de las zoonosis y parasitosis. Cuando el patógeno no interacciona con terceras especies y produce una cantidad grande de propágulos, la biodiversidad no juega ningún papel determinante en el riesgo de que la infección se propague o no. Es el caso de enfermedades respiratorias como la neumonía o la tuberculosis (figura 6). Lógicamente, hay todo tipo de situaciones intermedias (Rohr *et al.*, 2020).

La fauna necesita de la misma vacuna

Preocupados como estamos por las infecciones, las pandemias y las numerosas amenazas a nuestra salud, es comprensible que se deje de lado o al menos se ponga en un segundo lugar la salud de la fauna. Sin embargo, hacerlo es olvidar el principio de que en la biosfera solo hay una única salud global, y olvidar este principio hará que sigamos enfermando una y otra vez. Como ilustra muy bien la Unión Internacional para la Conservación de la Naturaleza (UICN), las poblaciones de animales salvajes tienen graves y crecientes problemas debido a enfermedades infecciosas acentuadas por acciones humanas (Machalaba *et al.*, 2020). Estos problemas tienen toda una gama de consecuencias, desde impactos en la polinización, el control de plagas, las cadenas alimentarias, la productividad del suelo, así como en los medios de subsistencia de millones de personas. Y, por supuesto, influyen en el incremento de las zoonosis.

El aumento de animales salvajes enfermos es un claro síntoma de un planeta enfermo y, por tanto, de un planeta que nos enferma. Murciélagos, guanacos, tigres y gorilas, pasando por toda una serie de pequeños mamíferos y aves, sufren con cada vez mayor frecuencia todo tipo de enfermedades infecciosas (Díaz, 2021). La mera presencia del ser humano incrementa los niveles crónicos de las hormonas relacionadas con el estrés en leones y chimpancés. La deforestación, una de nuestras más distinguidas acciones sobre el medioambiente global, aumenta el estrés de muchos animales. Boyle y sus colaboradores han encontrado que la corticosterona y el cortisol, dos hormonas relacionadas con el estrés, aumentaron con la fragmentación del bosque en pequeños mamíferos sudamericanos (Boyle *et al.*, 2021). ¿Por qué debe preocuparnos esto? Entre otros muchos motivos, porque el estrés disminuye la vitalidad de sus sistemas inmunes, incrementando los riesgos de verse afectados por enfermedades infecciosas, lo cual dispara las zoonosis. Especies estudiadas por este equipo, como *Oligoryzomys longicaudatus* (rata rabilarga pigmea), son vectores del peligroso virus Hanta, por ejemplo, y especies del género *Akodon*, también estudiadas en esta investigación, son reservorios de diversos virus hemorrágicos.

La simple proximidad de asentamientos humanos tiene efectos negativos en el sistema inmune y en la salud de mamíferos y aves salvajes. Alterar ecosistemas y talar árboles enferma tanto a los humanos como a la fauna salvaje, directa e indirectamente, y cuando enferman unos, acaban enfermos los otros. Los animales domésticos hacinados vienen a complicar aún más la situación, ya que infectan a la fauna salvaje y alteran los equilibrios naturales entre especies abriendo nuevos espacios para zoonosis. Se ha visto con ovejas infectando huemules en Chile o con cerdos infectando jabalíes en Europa. Los contactos entre aves en migración con granjas de aves son muy peligrosos en los momentos actuales de riesgo grave de una gripe aviar que se está pasando a mamíferos y que amenaza a humanos. Las conexiones son rápidas y estrechas.

Si bien los organismos de conservación del mundo tienen el imperativo de mejorar la salud y la supervivencia de las especies amenazadas, es toda la sociedad la que debe ocuparse de la conservación de las especies para asegurar el funcionamiento de los ecosistemas tanto naturales como humanizados, asegurando así nuestra propia salud. El actual aumento sin precedentes de las enfermedades infecciosas emergentes podría dar al traste con décadas de inversiones y progresos tanto en la conservación de la fauna como en el tratamiento médico y sanitario de infecciones que afectan al ser humano. Ambas cosas están conectadas y mejoran frenando la degradación ambiental.

Los virus y los microbios son ubicuos e imprescindibles para la salud de ecosistemas y personas

Los virus y los microbios estaban en todos los ecosistemas de la Tierra más de 3000 millones de años antes de que *Homo sapiens* apareciera como especie. Los microbios soportaban y soportan desde los diez grados bajo cero hasta los 110 °C, y se alimentan con cualquier cosa, sea metano o radiación solar. El cuerpo humano supuso para ellos simplemente una nueva oportunidad vital. Colonizaron nuestros intestinos y nuestra piel, y mezclaron, gracias a los ubicuos virus, sus genomas con los nuestros, confiriéndonos nuevas capacidades y nuevas sensibilidades. Los virus son diez millones de veces más numerosos de lo que se creía hasta hace apenas algunas décadas. Un milímetro cúbico del agua de un lago puede contener más de 200 millones de virus, por ejemplo, y en siete litros de agua de mar hay más virus que todas las personas que habitamos el planeta. Hay un quintillón (10^{30}) de virus en los mares y océanos, lo cual es mucho más que las estrellas de la Vía Láctea. Si alineáramos todos los virus bacteriófagos que existen en el planeta, estos cubrirían una distancia de 100 millones de años luz.

No solo hay muchos virus, sino que son muy variados, pero son tan extremadamente pequeños y permanecen tanto tiempo inactivos que son muy difíciles de detectar. Cuando un equipo internacional de científicos cambió la forma de revelar los virus presentes en las muestras de agua de mar recolectadas en grandes expediciones oceanográficas, se pasó, de pronto, de las 15 000 formas distintas de virus conocidas a unas 200 000 (Gregory *et al.*, 2019). Algunos patrones de diversidad vírica siguen lo encontrado para la mayoría de organismos, pero otros no, demostrando una vez más que los virus tienen sus propias reglas del juego: su diversidad crece desde el polo sur hacia las zonas tropicales, el patrón habitual, pero en el hemisferio norte, el patrón se rompe y la diversidad se hace máxima en el océano Ártico. Apenas se habían registrado virus en la Antártida hasta que unos investigadores españoles hicieron una prospección detallada. Se conocía la presencia de bacterias, algas, hongos y otros microorganismos en el continente austral, pero casi no había registros fiables de virus. De esa situación se pasó, en 2009, a la documentación de unas 10 000 especies de virus en el agua dulce de un solo lago de la Antártida (López-Bueno *et al.*, 2009). En ese mismo año, Curtis Suttle y colaboradores encontraron virus en las profundidades remotas e inexpugnables de la cueva de los cristales, en la sierra mexicana de Naica. A partir de entonces y en poco tiempo, los virus empezaron a notificarse en todas partes y comenzó a hablarse de la virosfera como una capa trascendental de la biosfera.

El permafrost, el suelo congelado de las zonas polares y árticas, conserva muy bien y durante mucho tiempo las bacterias y los virus porque es frío, no contiene oxígeno y es oscuro. Ya en 2011, Boris Revich y Marina Podolnaya, de la Academia de Ciencias rusa, advirtieron que, como consecuencia de la fusión del permafrost, los agentes causantes de infecciones mortales de los siglos XVIII y XIX podrían volver, especialmente en los alrededores de los cementerios donde fueron enterradas las víctimas de estas infecciones. Tres años después, el equipo de Jean-Michel Claverie del CNRS francés revivió dos virus que habían quedado atrapados en el permafrost siberiano durante 30 000 años. Conocidos como *Pithovirus sibericum* y *Mollivirus sibericum*, estos virus contemporáneos del hombre neandertal revivieron al poco de ser extraídos de los suelos congelados y adquirieron enseguida la capacidad de infectar células. Se trata de virus "gigantes", del tamaño de bacterias, que solo infectan a amebas unicelulares, pero otros sí podrían ser peligrosos para los seres humanos, y podrían salir de su latencia, ya sea por vías accidentales o intencionadas. Las capas más antiguas y profundas, aquellas a las que de momento no afecta el calentamiento global, podrían verse expuestas por excavaciones mineras y operaciones de perforación. Todo esto abre la puerta a que resurjan los virus de los primeros seres humanos que habitaron el Ártico, e incluso a revivir las infecciones víricas o bacterianas que aquejaron a los homínidos extintos como los neandertales o los denisovanos.

Ahora sabemos que los virus marinos orquestan la vida en los océanos, infectando desde bacterias a cetáceos, pasando por peces y todo tipo de invertebrados. Dada la abundancia de las bacterias marinas, una gran proporción de los virus marinos son bacteriófagos, es decir, comedores de bacterias (o asesinos de bacterias, como también les llaman). Los virus forman parte esencial de las redes tróficas marinas y, junto con los protozoos, son los principales responsables de controlar la abundancia, los flujos de carbono y la diversidad de las comunidades de bacterias y algas. Llegan a matar a la mitad de las bacterias y algas del mar, y al hacerlo liberan su contenido celular, que será utilizado de nuevo por otros microorganismos para desarrollarse. Este cortocircuito, que evita que la materia orgánica de bacterias y algas vaya a niveles tróficos superiores, es tan solo un ejemplo del gran papel regulador de los ciclos de materia y energía que tienen los virus a escala planetaria.

Los virus no solo están por todo el planeta, sino también por todo nuestro cuerpo, en todas nuestras vísceras y tejidos. Durante mucho tiempo, los científicos creían que los pulmones de las personas sanas estaban esterilizados, pero los estudios pioneros, aunque aún recientes, de la bióloga Dana Willner a principios de este siglo XXI, revelaron que un pulmón humano, por muy sano que esté, alberga una media de 174 tipos de virus diferentes, el 90% de los cuales es, todavía, prácticamente desconocido para la ciencia. Los virus no solo nos rodean, sino que trabajan literalmente para nosotros. Una gran cantidad de virus bacteriófagos adheridos a las mucosas protegen el organismo de bacterias externas. Billones de virus controlan el microbioma intestinal y, por tanto, nuestra salud general. A esto hay que añadir las colonias de bacterias controladas por virus presentes en nuestra piel y que nos protegen de bacterias potencialmente dañinas. Tenemos aproximadamente la misma cantidad de células bacterianas que células humanas en nuestro cuerpo (alrededor de 37 billones), pero probablemente tengamos al menos diez veces más partículas de virus. Del mismo modo que la alteración del microbioma bacteriano conlleva enfermedades como el síndrome del intestino irritable, la enfermedad de Crohn, la diabetes tipo 2 e incluso trastornos de salud mental como la depresión, la alteración del viroma (el conjunto de virus que están presentes en nuestro organismo) debilita nuestro sistema inmune y nos deja expuestos a numerosos trastornos y enfermedades. Lógicamente, la imprescindible diversidad y abundancia de virus tiene un lado preocupante: se calcula que hay aproximadamente 1,7 millones de virus por descubrir en mamíferos y aves, de los cuales unos 850 000 podrían ser capaces de infectar al ser humano.

CAPÍTULO 5

La carrera evolutiva

¿Nos hicieron humanos los virus?

Cada vez somos más conscientes de que llevamos muchos virus en nuestro organismo. Nuestros pasajeros víricos son básicamente de tres tipos: los buenos, que nos ayudan por ejemplo a controlar bacterias, los malos, que nos provocan enfermedades (pueden estar activos o inactivos como el herpes zóster), y los que no sabemos si son buenos o malos (como los virus gigantes). Pero cuando pensamos en los virus que llevamos dentro quizá debamos dar un paso más, porque no hay nada más "dentro" que nuestro propio genoma, que las hebras de ADN que contienen la información genética de lo que somos. En nuestro genoma acarreamos más de 100 000 fragmentos procedentes de más de 30 familias diferentes de virus, y estos fragmentos representan más del 8% de todo nuestro material genético. Hasta ahí, en el rincón más íntimo de nuestras células, tenemos virus. Y, de hecho, necesitamos que estén ahí. Los virus están tan presentes en nuestra biología que podrían explicar, por ejemplo, por qué los machos de los mamíferos son más musculosos que las hembras (Arnold, 2016).

Un rasgo diferencial clave de los humanos es la placenta, indispensable para nuestra reproducción. Pues bien, esta apareció gracias a la acción de un gen llamado *syncytin*, proveniente de un retrovirus endógeno (un ERV). Este gen *syncytin* fue tomado prestado de un ERV y se integró en la línea germinal de los humanos y de otras especies de primates del Viejo Mundo hace unos 25 millones de años. Un ancestro de los mamíferos evitó en su día que sus huevos salieran al exterior y logró que se fusionaran con células de lo que, con el tiempo, daría lugar a un útero gracias a estos virus endógenos (Villarreal, 2016). De esta forma se convirtió en el precursor de los mamíferos placentarios. La placenta, inicialmente un órgano del feto, tiene que evitar el ataque del sistema inmunitario de la madre y es precisamente para evitar ese rechazo materno para lo que los mamíferos placentarios necesitamos a los retrovirus endógenos (Castelvecchi, 2004).

Mientras algunos grupos de organismos, como los gusanos nematodos, son muy poco proclives a la infección por virus endógenos (elementos virales que se insertan en el genoma de un organismo), los primates, muy al contrario, somos un blanco habitual para estos virus. Siempre ha llamado la atención el hecho de que las grandes divergencias entre los chimpancés y nosotros se basen en apenas un 1,5% de diferencias en nuestro ADN. Leemos con frecuencia que la inmensa mayoría de nuestro ADN es idéntico al de los primates más próximos. Sin embargo, esto no es del todo cierto, ya que el ser humano tiene entre un 75 y un 90% de ADN no codificante. Este tipo de ADN, que no da lugar a proteínas, durante algún tiempo se consideró "basura", pero ahora sabemos que no lo es, ya que regula la expresión de los genes, es decir, la expresión del ADN que sí da lugar a proteínas. El ADN no codificante sí que es diferente entre nuestros parientes y nosotros, y buena parte de él tiene origen vírico. Por ello, podemos decir que los virus nos hicieron mamíferos placentarios y que los virus endógenos nos hacen humanos, al menos atendiendo a la cantidad de material genético que han aportado y que nos diferencia de nuestros parientes más próximos (Villarreal, 2004).

Se sabe que los primates de África sufrieron una colonización importante por virus endógenos hace más de 30 millones de años, algo que no ocurrió con los primates americanos.

Esta colonización inactivó muchos genes olfativos y dejó inoperante a un órgano olfativo accesorio capaz de detectar feromonas (el órgano vomeronasal), mejoró la visión en color y propulsó toda una transformación en los primates, que pasaron de ser organismos basados fundamentalmente en el olfato a ser, como los humanos, primates apoyados sobre todo en el sentido de la vista. Por si fuera poco, otro gran evento de colonización de nuestro genoma por virus endógenos tuvo lugar hace unos 200 000 años, coincidiendo con la diferenciación definitiva del *Homo sapiens* moderno.

Coronavirus y humanos: una larga e intensa relación

A pesar de nuestra dependencia de los virus y de todo lo que les debemos, nuestra larga relación con ellos no ha sido ni armoniosa ni feliz. Las herramientas moleculares permiten ahondar cada vez más en esta relación y remontarnos en el pasado. Se ha podido estimar que hace unos 25 000 años hubo una importante epidemia de un coronavirus que afectó a los habitantes de una región de la actual China. Tan interesante es el dato histórico y epidemiológico como la forma de obtenerlo. Yassine Souilmi y varios científicos australianos y norteamericanos han detectado en esa región asiática una aceleración muy informativa del reloj molecular humano (2021), que marca los cambios en el material genético inducidos por mutaciones y que permite estimar el tiempo transcurrido desde que un antepasado caminara por el planeta con otras secuencias en su ADN. Cuando existe una presión ambiental fuerte, el reloj de algunos genes comienza a ir mucho más deprisa porque las personas que acumulan mutaciones ventajosas sobreviven mejor que las personas sin ellas.

Eso ocurrió hace miles de años en el sudeste asiático con una epidemia de coronavirus, y muchas personas de hoy en día guardan información en su genoma de aquella potente interacción entre el virus y las proteínas humanas codificadas por el ADN de aquellos tatarabuelos asiáticos. Esa interacción tuvo lugar hace unas 900 generaciones, y produjo la selección de variantes protectoras de los genes que interaccionan con virus del grupo de los coronavirus, de forma que los habitantes actuales han heredado unas porciones del genoma mucho más adaptadas a esas interacciones con los virus que las de la mayoría de los humanos actuales. Nuestra biblioteca más personal, la que está compuesta por nuestro genoma, guarda registro de todo o casi todo. Solo hace falta saber leer el material genético e interpretar bien sus cambios. Acelerones evolutivos como el identificado por Souilmi y sus colegas fueron sin duda muy positivos para las poblaciones humanas del pasado. Hoy, sin embargo, factores sociales como la salud general, el sistema sanitario, las medidas gubernamentales, la densidad demográfica y los patrones de conducta individual y colectiva tienen un papel mucho más importante que la adaptación genética a la hora de generar protección ante estos virus patogénicos. Pero hace unos miles de años, esa capacidad de evolución de nuestro genoma podía representar la diferencia entre extinguirse o continuar en el juego de la vida.

El SARS-CoV-2 es relativamente estable, mutando mucho menos que el virus de la gripe, que es un caso realmente extremo de variabilidad. Sin embargo, y a pesar de esta notable estabilidad del SARS Cov-2, los números astronómicos de copias que cada día tenían lugar en los millones de personas contagiadas en todo el mundo durante los años centrales de la pandemia (2020 y 2021) favorecieron la aparición de varias mutaciones infecciosas y graves que llegaron a comprometer las estrategias nacionales e internacionales para contener el virus e incluso la viabilidad de las vacunas. Aun contando con la realidad de la vacunación y la inmunidad generada por la covid-19 durante sus dos primeros años de presencia en humanos, se estima que un único caso daría lugar a 14 millones de personas infectadas en 60 días. Esto lo convierte en el virus más explosivo y el de más rápida difusión de la historia de la humanidad (Ansede, 2022). La peste negra del siglo XIV y el cólera del XIX —provocados por bacterias— tardaban años en expandirse por el mundo. La gripe rusa de 1889, causada probablemente por otro coronavirus, requirió de tres meses para ir de una punta a otra del planeta. La variante ómicron del SARS Cov-2 es más grave que otras por la rapidez con la que se expande. La clave de su éxito consistió en centrar su efecto en las vías respiratorias altas, lo cual favorece el contagio y la expansión, siendo menos grave que las variantes anteriores porque no incide en las vías bajas y los pulmones. El reto sanitario, al ser tan transmisible, es el gran número de personas que necesitan atención médica en cada episodio u ola de contagios en relativamente poco tiempo.

Hay miles de especies de coronavirus, muchas aún por descubrir. La ciencia ha identificado siete coronavirus diferentes circulando hoy en día entre los seres humanos y causando diversas enfermedades, en general con síntomas parecidos a un resfriado de gravedad muy variable. Los siete son zoonosis, es decir, infecciones que han saltado desde los animales, y los siete lo han hecho en el último siglo. Los más graves (incluyendo al SARS-Cov-2, causante de la covid-19) dieron el salto a humanos en los últimos 20 años.

El principal reservorio natural de coronavirus es el murciélago, aunque algunos se originan y almacenan en roedores. Diversas especies de mamíferos actúan de reservorios secundarios o especies intermedias en las que el virus continúa evolucionando hasta que tiene lugar el salto a los humanos. La degradación de los ecosistemas y el creciente contacto humano con nuevas especies de animales son las causas principales de las zoonosis causadas por coronavirus. La zoonosis más antigua de las siete proviene, sin embargo, de un animal doméstico, la vaca. El coronavirus HCoV-OC43 saltó desde las vacas a los humanos a finales del siglo XIX, coincidiendo con una gran pandemia bacteriana que obligó a sacrificar miles de vacas. Los siete coronavirus están perfectamente adaptados a los humanos y circulan ampliamente, sobre todo durante los fríos meses invernales (Criado, 2020). No dejarán de darnos disgustos ni tampoco de evolucionar y confundir tanto a nuestros sistemas inmunes como a nuestros sistemas nacionales de salud.

La extinción de la megafauna o cómo aniquilamos una gran vacuna

Los vastos bosques y llanuras de América, la tundra de Siberia o los Cárpatos de Rumanía pueden parecer paisajes salvajes y llenos de vida, pero en todos ellos falta algo importante: los grandes animales que desaparecieron al final del Pleistoceno, hace aproximadamente 10 000 años. La megafauna, la que pesa más de 45 kg, ha formado parte del paisaje terrestre durante millones de años. Pero eso fue antes de que nuestros ancestros arrancaran su última aventura evolutiva, la social. Tan pronto como nuestra organización social nos permitió coordinarnos para cazar bien en grupo, centramos nuestros esfuerzos en los animales grandes. Energéticamente, es mucho más eficiente cazar un gran animal de vez en cuando que estar todos los días atrapando a los más pequeños. La que más ha sufrido en el proceso de defaunación y extinción selectiva impulsado por el ser humano ha sido la megafauna, hasta el punto de que el tránsito entre el Pleistoceno y el Antropoceno bien podría definirse por la desaparición abrupta de la mayoría de los herbívoros y carnívoros de gran tamaño (Malhi *et al.*, 2016).

Homo sapiens evolucionó y se expandió por un mundo repleto de criaturas gigantes. Nuestras primeras formas de arte, como las hipnóticas pinturas rupestres del Pleistoceno tardío de Lascaux y Altamira, muestran que la megafauna tuvo un profundo impacto en la psique y la espiritualidad de nuestros antepasados. Para los humanos pasados y modernos, estos grandes animales indican recursos, peligro, poder y carisma, pero, más allá de estos impactos, estos grandes animales tienen efectos profundos y distintos en la naturaleza y el funcionamiento de los ecosistemas que habitan.

Hoy sabemos que la megafauna afecta a la estructura física y trófica de todo el ecosistema, a la composición de las especies de plantas y animales, a los grandes ciclos biogeoquímicos de materia y energía e incluso al clima. La influencia de la megafauna en el clima se debe a las alteraciones que induce en el albedo global, en la transpiración, en el nivel freático y en la emisión de gases con efecto invernadero, tanto por el ecosistema alterado por estos animales como por los propios gigantes. Recordemos que muchos procesos fisiológicos (por ejemplo, la emisión de metano) crecen exponencialmente con el tamaño corporal.

Lo cierto es que, con la extinción de la gran fauna, el funcionamiento de la biosfera se vio profundamente alterado y perdimos importantes funciones ecológicas. Todo empieza por una función ecológica clave de la fauna: la dispersión de frutos y semillas. Tras milenios de coevolución, el tamaño de la semilla o del fruto queda finamente acoplado con el tamaño del animal dispersante. Así que con la extinción de la fauna de gran tamaño muchas especies de plantas se quedaron sin su dispersante natural y su regeneración a medio o largo plazo comenzó a peligrar.

Pero la historia no se queda aquí. Entre las funciones que se pierden con la desaparición de los animales más grandes está la de regular el riesgo de zoonosis. Al eliminar la fauna de mayor tamaño se pierden muchos movimientos a gran distancia, no solo el de frutos y semillas, sino también el de todo el ecosistema que transporta un gran animal, que incluye numerosas especies de parásitos, virus, bacterias y patógenos en general. Doughty *et al.* (2020) demostraron que la reducción del transporte de patógenos a larga distancia provoca que estos patógenos queden confinados en espacios cada vez más pequeños. Al desaparecer la fauna de mayor tamaño, los ectoparásitos, los vectores y todos los virus y bacterias asociados que no se extinguieran pasan a moverse en rangos geográficos más pequeños y a quedar, por tanto, genéticamente aislados. Es decir, la extinción de la megafauna disminuyó drásticamente el efecto homogeneizador de la genética de los parásitos y patógenos. El mayor aislamiento genético de los organismos patogénicos que ocasionó la extinción de la megafauna hizo que, a su vez, se consolidaran las mutaciones viables y se generaran nuevas especies o nuevas formas de patógenos, tal y como ha ocurrido un millón de veces con los animales y plantas que han vivido y evolucionado en las islas de todo el planeta. Nuevas especies de patógenos significan nuevos riesgos de zoonosis. La pérdida de biodiversidad no es solo una consecuencia de nuestros actos, sino que es, también y sobre todo, la causa de muchos de nuestros males (Mori, 2020).

En los colegios nos enseñan cómo la revolución neolítica cambió el rumbo de la humanidad. Lo que nunca nos contaron es que la extinción de la megafauna por el cazador humano, combinada con la creciente domesticación de aves y mamíferos por el ganadero humano, traería un fuerte incremento de zoonosis, que no harían sino aumentar en frecuencia y peligrosidad para *Homo sapiens* a lo largo de los siguientes milenios. Resulta extraño pensar que al reducir la distancia a la que se transportan los patógenos se esté en realidad favoreciendo el riesgo de que estos patógenos den lugar a nuevas y más frecuentes zoonosis. Pero bajo la mirada evolutiva, el efecto se vuelve evidente. Tal como decía el genetista ruso Dobzhansky, nada en biología tiene sentido si no es a la luz de la evolución.

Evolución: la cuarta línea de defensa ante infecciones

Cuando un patógeno, sea un virus, una bacteria, un hongo o un protista, entra en nuestro organismo da comienzo, como hemos visto, toda una sofisticada partida de ajedrez donde cada movimiento de una parte genera una reacción de ataque o defensa de la otra parte. El cólera, por ejemplo, no solo nos ha mostrado que el patógeno aprovecha las flaquezas biológicas de algunos individuos y las oportunidades que le brinda la dinámica social de la especie humana para alcanzar la globalidad, sino que el ser humano es capaz a su vez de contratacar con una eficaz respuesta biológica y no solo con nuevas tecnologías o cambios de comportamiento. Las respuestas humanas no eliminan completamente al patógeno, pero sí reducen mucho su impacto.

Durante milenios, el delta del río Ganges, en Bangladesh, ha sido una fuente de cólera. Fue allí donde se originó una enfermedad que cada año afecta a entre tres y cinco millones de personas. Y es allí, en poblaciones donde el cólera es endémico, donde las personas tienden a sufrir la enfermedad de forma menos severa y a morir menos que en lugares donde el cólera es relativamente nuevo, como en Haití. La población de estas zonas de cólera endémico presenta una resistencia genética a la enfermedad, con diferencias en varias regiones de nuestro genoma, del ADN, que están involucradas en dos funciones biológicas importantes: la regulación del paso de agua a través de células intestinales (recordemos que el cólera provoca diarreas y pérdidas agudas de agua) y la vía de señalización, importante tanto en el sistema inmune innato como en el mantenimiento de la mucosa intestinal. En esta protección genética frente al cólera son muchos los genes involucrados, de forma que algunas personas pueden tener la versión completa de esa protección y ser muy resistentes, mientras que otras pueden heredar solo una parte y tener una resistencia intermedia.

Otro ejemplo destacado de una respuesta evolutiva humana capaz de neutralizar a largo plazo a los patógenos la tenemos en la lepra. La lepra llegó a afectar con mayor o menor intensidad a la mayor parte de la población humana, pero hoy en día se calcula que el 95% de las personas es inmune a la bacteria que la causa.

Estaríamos hablando de una cuarta línea de defensa biológica ante infecciones: la evolutiva. En este caso ya no pensamos en las respuestas biológicas del enfermo, sino en los cambios genéticos que van ocurriendo en la población humana, de forma que a lo largo de las generaciones se favorecen los individuos en cuyo genoma hay información clave para lidiar mejor con la enfermedad infecciosa.

La respuesta evolutiva de los humanos a otras infecciones como la malaria es, sin embargo, mucho más variada y compleja que con el cólera o la lepra. Recordemos que una de cada dos personas en el mundo está en riesgo de contraerla tarde o temprano. Sabemos que la protección contra la forma más grave de la malaria está relacionada con la variación natural en los genes de los glóbulos rojos humanos. Los glóbulos rojos son la diana del plasmodio, el patógeno, una eucariota unicelular. Hay variantes estructurales de los genes responsables de una proteína común en las membranas de los glóbulos rojos (la glicoforina) que son inusualmente comunes en África y que protegen eficazmente contra la enfermedad. Esto abre una nueva vía para la investigación de vacunas diseñadas para evitar que los plasmodios causantes de la malaria invadan los glóbulos rojos. Algunas personas de África oriental, en Kenia, Tanzania y Malawi, tienen un reordenamiento de los genes GYPA y GYPB complejo y específico que las hace menos propensas a desarrollar complicaciones severas de la enfermedad. En concreto, tener esta configuración genética reduce el riesgo de fallecimiento a casi la mitad. Estas piezas de información sugieren que la malaria es curable e incluso erradicable. Sin embargo, pasan los años y ahí sigue.

Una evidencia histórica y dramática de la respuesta evolutiva de los humanos ante los patógenos la tenemos con el llamado "intercambio colombino". Los conquistadores europeos diezmaron a las poblaciones humanas originarias de América y colonizaron un territorio muy extenso en un breve periodo de tiempo porque contaban con un aliado secreto; tan secreto que ni ellos mismos sabían de su existencia. Los europeos portaban un arma mil veces más mortífera que sus espadas, en forma de virus y bacterias, ante los que ellos eran inmunes pero los americanos nativos no. Como resultado, unos centenares de europeos provocaron la muerte en pocas décadas de 56 millones de americanos, es decir, el 10% de la población humana del siglo XVI. Los europeos habían evolucionado con varios animales domésticos y se habían adaptado a muchas enfermedades infecciosas que fueron intercambiando con ellos. Los pueblos originarios de América tardarían mucho tiempo en ponerse a la altura de estos nuevos patógenos. A principios del siglo XX, México todavía estaba recuperándose del golpe demográfico acaecido 500 años antes.

La analogía entre una infección y una partida de ajedrez continúa en esta cuarta línea de defensa, la evolutiva, ya que si bien el huésped humano evoluciona y deja de sufrir la enfermedad o logra deshacerse del patógeno, el patógeno también evoluciona y puede dejar de detectarse o desarrollar nuevos mecanismos de entrada y replicación.

Las mutaciones son el principal recurso de cualquier patógeno

Con la covid-19 aprendimos un montón de conceptos sanitarios y epidemiológicos, y se hizo global y recurrente el deseo de "aplanar la curva" de infecciones tras los numerosos rebrotes y las interminables oleadas de la enfermedad. Este "aplanamiento", tantas veces y con tantos medios perseguido por todos los países afectados en 2020 y 2021, consiste en reducir el número de contagios por unidad de tiempo (días o semanas). Si bien el objetivo principal de aplanar la curva era aliviar la presión que sufrieron los hospitales a causa de la acumulación de pacientes, hay que sumar otra razón tanto o más importante y mucho menos conocida: detener la evolución del virus, reducir la proliferación de mutaciones y minimizar los diversos riesgos asociados, como son la aparición de formas más agresivas del virus o la pérdida de eficacia de la vacuna. Ambos riesgos se relacionan con una palabra terrible: *mutación*. ¿Qué son, cómo ocurren y cómo nos afectan epidemiológicamente las mutaciones de los virus?

Lo primero que hay que tener muy claro es que todos los virus mutan, pero no les guía ninguna intención maléfica. Simplemente arrastran errores al hacer copias de sí mismos o por diversos motivos sufren alteraciones en su material genético. Cuando un virus de ARN como el SARS-CoV-2 infecta una célula, utiliza la maquinaria de copia de esta, ya que carece de la suya propia, y hace miles o millones de copias de sí mismo. Al hacerlo se producen errores ocasionales. El material genético de este virus consta de unas 30 000 bases, es decir, una larga secuencia de cuatro tipos de moléculas ligeramente distintas llamadas bases y que son las unidades básicas funcionales y físicas de la herencia genética. La mayoría de los errores consisten en introducir una base equivocada (sustituciones), aunque se han observado también pérdidas o eliminaciones de algunas de estas letras (deleciones). La mutación es un proceso aleatorio y, por ello, si le damos oportunidades suficientes (esto es, muchísimas ocasiones para copiar el material genético), puede surgir una variación que dé lugar a una proteína con una nueva función que haga que el patógeno sea más eficiente.

En ese momento entra en juego la selección natural: si ese cambio le confiere una ventaja, la nueva cepa, portadora de esa mutación, se expandiría de forma exitosa por la población, desplazando otras versiones menos eficientes del virus. En resumen, el virus no "realiza mutaciones" para atacar mejor a las personas: no hay intencionalidad alguna. La mutación ocurre al azar, y al suceder muchas veces aumenta la posibilidad de que aparezca una variante "mejor" (que, en términos evolutivos, solo quiere decir que produce más descendencia por unidad de tiempo). Cualquier versión nueva del virus que sea menos eficiente o disfuncional se acaba perdiendo sin que lleguemos ni a saber que existió.

La aparición de variantes de mayor virulencia o infectividad no garantiza su propagación en la población de virus. Para propagarse tiene que reproducirse más eficientemente y tener más oportunidades de hacerlo. Pongamos que aparece una variante muy agresiva en un enfermo que está ya aislado en el hospital o incluso en la UCI: provoca síntomas aún más fuertes, la enfermedad evoluciona con gravedad y el paciente acaba falleciendo. Si mata al huésped antes de que este contagie a otros, el linaje del virus muere con él. Sin embargo, una variante que no provoque una enfermedad más grave pero que sí se transmita con mayor eficacia tendrá más posibilidades de dispersarse de forma asintomática y de fluir discretamente entre los humanos. De ahí proviene la predicción general de que las variantes con menor virulencia y mayor infecciosidad acaban a largo plazo predominando en estos virus, así como en muchos otros patógenos.

Los cambios aleatorios de una letra en un genoma de 30 000 como el del SARS-CoV-2, que normalmente resultan neutros o negativos para el funcionamiento del virus y por tanto son descartados, pueden parecernos un peligro despreciable. Pero hay que tener en cuenta que una célula puede ser infectada por varios virus, que cada virus produce cientos o miles de copias de sí mismo dentro de esa célula y que cada persona infectada (tenga o no síntomas) puede tener miles de células infectadas. Pongamos, por ejemplo, que tenemos 1000 células infectadas por unos 5 virus cada una y que estos producen 100 copias de sí mismos en un solo ciclo de infección: se generará medio millón de copias del virus en unos pocos días. Como cada copia del virus introduce 0,3 letras incorrectas, el número estimado de mutaciones nuevas será de 7500. Es decir, de los 500 000 virus generados en un solo ciclo de infección habrá 7500 que contengan una mutación.

La cosa es más grave si consideramos la dinámica dentro del hospedador, ya que, como estas replicaciones no se producen de golpe, es probable que las mutaciones más eficientes ya se multipliquen muchas veces dentro del primer hospedador, lo cual aumenta su capacidad de infección. Y también hay que tener en cuenta que la infección de muchas células dentro de un solo hospedante puede dar lugar a una combinación de mutaciones. Una variante del virus puede combinarse con otra variante, al poder infectar varios virus distintos una misma célula. Y así sucesivamente. Todo ello facilita que la nueva versión del virus pueda ser transmitida por contagio a un nuevo hospedador en el que pueden ir acumulándose otras mutaciones por este mismo mecanismo. Así surgen las nuevas cepas del virus. Tanto el tiempo que se tarde en aplanar la curva (disminuir los contagios) como el número de personas infectadas en un determinado momento juegan en nuestra contra, aunque tampoco hay que asustarse demasiado por estos números tan elevados, ya que, al producirse al azar, la mayoría de estas mutaciones producen una proteína fallida y se pierden (Pérez y Equipo Ciencia Crítica, 2012).

La matemática del proceso de infección y de la evolución de los patógenos que la causan es tan simple como implacable. La defensa pasa por reducir a toda costa la probabilidad de contagio. Mientras no haya una inmunización mayoritaria hay que reducir al máximo la aparición de mutaciones que supongan problemas nuevos. Aplanar la curva de contagios y acelerar la vacunación es la receta contundente contra infecciones que se desprende de la teoría evolutiva y que se aplica no solo a los virus sino a cualquier patógeno.

Reinfecciones: del intento de exterminio a la convivencia

Algo que favorece el paso de una infección local o regional a una pandemia es que pueda haber reinfecciones de personas que han sido afectadas previamente por la enfermedad. La reinfección se produce porque el sistema inmune de una persona no reconoce el patógeno y no reacciona ante él. Esto se debe o bien a que el sistema inmune de la persona está alterado o bien a que lo que se ha alterado es la apariencia del patógeno mediante novedad antigénica, es decir, mediante evolución de los rasgos que lo identifican. Para que se produzca esta novedad antigénica en un patógeno tienen que producirse mutaciones en su material genético.

Dada la complejidad de los virus y su capacidad de mutar y recombinar, la estrategia de eliminarlos no suele ser muy eficaz. Por ello, aparte de tantear la posibilidad del exterminio, es más que recomendable explorar formas de convivencia. Para convivir con un patógeno tan contagioso y peligroso como el SARS-Cov-2 o tantos otros virus y bacterias hay que apoyarse en las mejores herramientas epidemiológicas y estadísticas que permitan anticiparse a los nuevos brotes. Además, hay que combinar estas herramientas no ya con protocolos sanitarios sino con el conocimiento más fino de la ecología evolutiva del virus para interpretar la evolución de una epidemia y contribuir a reconducirla hacia una enfermedad estacional, crónica, subletal y, a ser posible, local.

Los virus moldean poblaciones
y tan pronto dan como quitan la vida

Los virus son tan esenciales para todos los organismos vivos que resulta difícil ilustrarlo sin quedarnos cortos. Pensemos, por ejemplo, en que los virus llegan a aumentar la supervivencia de la especie que los hospeda. La cuestión no es en absoluto sencilla. Aunque para el profesor Luis Villarreal de la Universidad de California parece algo evidente, la historia para muchos de nosotros tiene su miga, ya que combina altas dosis de genética, ecología y evolución. Todo comienza con la idea de que muchos virus establecen infecciones persistentes y asintomáticas que se mantienen durante largo tiempo. Estas infecciones persistentes afectan a la capacidad relativa de reproducción de las distintas poblaciones de huéspedes que compiten entre sí y pueden promover la supervivencia de la población, pudiendo afectar e impulsar la selección relativa de grupos. Esto se ha modelizado con el virus de la hepatitis del ratón, en el que se ha visto que las poblaciones que presentaban estas infecciones persistentes eran en realidad más sanas y se reproducían mejor que las poblaciones sin virus, que acababan infectadas y padeciendo hepatitis. Parece que el virus persistente, aliado con el sistema inmune del hospedador, confiere resistencia a la enfermedad de forma análoga a los virus del herpes en humanos. La alteración de los estados virales persistentes y de las poblaciones hospedadoras, por ejemplo, con la introducción de nuevas especies o de individuos salvajes de la misma especie, supone un peligro paradójico e inesperado: el crecimiento de grandes poblaciones libres de virus y carentes de esa resistencia que le confiere el virus.

Todas las poblaciones en un mundo como el nuestro, dominado por los virus, han sido moldeadas por ellos, y la capacidad de estos virus para afectar a la supervivencia del huésped parece no tener fin, ya que los virus patogénicos emergen continuamente de estados persistentes asintomáticos y amenazan a las poblaciones sin virus (Villarreal, 2009). Aunque cueste entenderlo, necesitamos a los virus para que nos defiendan de los virus. Las formas más amigables nos mantienen a salvo de las formas más cruentas.

Una historia particularmente llamativa es la de unas avispas capaces de generar virus "a la carta" para facilitarle la vida a sus larvas (Coffman *et al.*, 2020). Se trata de una insólita relación de coevolución entre las avispas bracónidas y los bracovirus, de la que virólogos, epidemiólogos, ecólogos y genetistas tienen mucho que aprender. Las avispas producen virus *ad hoc* que doblegan las defensas de las orugas parasitadas para que las larvas de avispa puedan crecer dentro de estas orugas sin ningún problema. Los virus no existen de forma libre, es la avispa la que los transporta y los distribuye. A cambio, los bracovirus inactivan las células sanguíneas (hemocitos) de la oruga, lo cual hace que los huevos de la avispa no sean atacados cuando se inoculan en su interior. El ADN del bracovirus ancestral se incorporó en el material genético de la avispa. Algunas células de los ovarios de las avispas se han especializado en producir bracovirus. La larga coevolución de virus y avispas ha llevado a que la avispa sea capaz de, por un lado, producir las cápsulas en las que viajarán los bracovirus, y por otro, de introducir en esas cápsulas solo la parte del ADN viral capaz de producir daños en las células que infecte, pero dejando fuera la información necesaria para que el virus se multiplique. El virus podrá inmunodeprimir a la oruga que infecte, pero no podrá reproducirse en ella infectando a otras orugas, para eso requiere de la avispa. ¡Qué sutil mecanismo evolutivo! No es de extrañar la fascinación por estas avispas parásitas secuestradoras de virus que experimentan científicas como Elisabeth Herniou del CNRS francés.

Vectores, patógenos y huéspedes: amor fatal y coevolución

Hemos hablado de la coevolución, es decir, de la evolución conjunta de los patógenos y de sus huéspedes, pero en realidad hay muchas especies coexistiendo e interaccionando entre sí, no solo en parejas, sino en tríos, cuartetos y hasta pequeñas orquestas sinfónicas de interacciones biológicas. Nos hemos asomado un poco a esta complejidad con el *ménage à trois* entre avispas, orugas y virus que acabamos de ver, pero hay muchos más aspectos complejos y fascinantes en estas coevoluciones a tres bandas que surgen cuando el patógeno emplea un vector para llegar al huésped. Hablemos, entonces, de garrapatas y mosquitos, los vectores más importantes de enfermedades infecciosas que afectan al ser humano.

Tanto los mosquitos como las garrapatas inoculan al hospedador su saliva, que contiene un cóctel de moléculas con propiedades analgésicas (para pasar desapercibidas en los momentos iniciales de la picadura), otras que previenen la coagulación de la sangre del hospedador y así prolongar la sesión alimenticia, y otras que aumentan la inflamación y la activación de los mecanismos defensivos del hospedador, todo lo cual favorece la llegada de sangre a la zona de la picadura, aumentando la eficiencia de la sesión. En esta tesitura, garrapatas y mosquitos cuenta con la ayuda inestimable de virus y bacterias, que no son solo viajeros oportunistas, sino que se pagan el billete ayudando al vector a alimentarse. Estos vectores inoculan el virus o la bacteria con su saliva, y entre sus moléculas y las de los patógenos inducen una respuesta inflamatoria e inmunitaria en el hospedador, que forma un pequeño absceso o cavidad de alimentación. Garrapatas y mosquitos inoculan la saliva y succionan la sangre a través del mismo canal, de manera que realizan ambas funciones alternativamente durante todo el tiempo que tardan en completar la toma de sangre, algo que en el caso de las garrapatas puede durar varios días. Es bien sabido que las garrapatas se hinchan de sangre multiplicando varias veces su propio volumen; para lograrlo, se aseguran bien a la piel del hospedador mediante una especie de cemento formado por carbohidratos y proteínas.

Las garrapatas llevan chupando sangre al menos 100 millones de años. Cuando los primeros homínidos se asomaron a este mundo, hace unos 20 millones de años, las garrapatas ya estaban allí desde hacía mucho. De hecho, sabemos que lleva-ban muchos millones de años ensayando su arsenal hematofá-gico con dinosaurios y aves. Una muestra de ámbar del Cretácico, de 99 millones de años de antigüedad, ha inmortali-zado varias garrapatas íntimamente asociadas a dinosaurios con y sin plumas. Algunas de ellas tenían sangre de la víctima en su interior, aportando algunos de los primeros datos sobre la transmisión de enfermedades durante el Mesozoico (Peñalver *et al.*, 2017).

Tantos años conviviendo con garrapatas nos ha traído muchos dolores de cabeza. Nuestra muy justificada repulsión a estos planos y duros arácnidos ha sido labrada a golpes de fiebre y enfermedad. Las garrapatas pueden albergar varios tipos de organismos patógenos que pueden transmitir por pi-cadura al ser humano. Las enfermedades que más frecuente-mente transmiten son las de origen bacteriano, como la enfer-medad de Lyme, la anaplasmosis o la rickettsiosis; también algunas enfermedades parasitarias, como la babesiosis, y las de origen vírico como la encefalitis o la fiebre hemorrágica de Crimea-Congo. Por suerte, los riesgos de contraer estas en-fermedades por picadura de garrapata no son muy altos, y aún menos en nuestro país.

Si hay algo claro es que las garrapatas nos complican la vida de muchas formas, volviendo locos a científicos y médi-cos. Un caso particularmente desconcertante fue el del sín-drome alfa-gal, el mal llamado "anisakis de la carne". Este síndrome apareció por primera vez en 2009 con casos, espe-cialmente en EE UU, de reacciones alérgicas en personas al consumir carne roja. Los síntomas son los típicos de una reacción alérgica: urticaria, labios, lengua y garganta hin-chadas, problemas respiratorios, vómitos, diarrea, taquicar-dia, etc. Se observó el mismo tipo de reacciones alérgicas tras la ingesta de gelatina de cerdo, ternera, cordero, caballo y ciervo. El alfa-gal también se encontraba formando parte de vacunas y de algunos fármacos, pero también en algunas chucherías como las gominolas, constituidas en esencia por hidratos de carbono sencillos (glucosa, sacarosa, fructosa) y proteínas (gelatina). Las personas tenían anticuerpos específicos frente al alfa-gal, un carbohidrato, un azúcar, que no está presente en humanos.

Además de las reacciones alérgicas detectadas tras la ingesta de carne, algunas personas a las que se trataba con el anticuerpo monoclonal Cetuximab —utilizado en el tratamiento de algunos tipos de cáncer— sufrían reacciones alérgicas al alfa-gal muy por encima de la media esperada. El patrón geográfico de los afectados era similar entre comedores de chucherías, gelatinas animales y pacientes tratados con Cetuximab. Lo más extraño era que el fármaco para el tratamiento del cáncer generara esa reacción alérgica tras la primera administración. Las personas tenían que haber estado expuestas antes de la administración del fármaco.

La coincidencia en la distribución geográfica, tanto de la procedencia de las personas a las que se aplicaba el fármaco como de la procedencia de la carne que generaba las reacciones, apuntaba a un lugar, el sudeste de EE UU, donde abundan las garrapatas que parasitan al ganado. Esto ayudó a ir resolviendo el enigma. La sensibilización primaria la estarían causando las garrapatas, algo que se confirmó al ver que algunas garrapatas contenían alfa-gal en sus glándulas salivares. Lo que estaba ocurriendo es que las garrapatas que se habían alimentado previamente de un mamífero (cordero, canguro, venado, búfalo, vaca, etc.) captaban de los hospedadores sangre con el carbohidrato, lo inoculaban al ser humano al alimentarse de él, provocando una sensibilización primaria, lo cual explicaba que luego al comer carne o al ser tratados con Cetuximab sufrieran una reacción alérgica tan intensa. Como el alfa-gal, junto a la saliva de las garrapatas, provoca una respuesta inmunitaria retardada en los seres humanos, el diagnóstico era muy complicado. No fue nada fácil establecer la relación causa-efecto. Y seguro que hay más situaciones así, en las que las garrapatas andan enredando con unos y otros mamíferos, su saliva y nuestros sistemas inmunes.

El cambio climático ha producido una expansión de varios vectores importantes como el de las garrapatas o el de los mosquitos. La tropicalización del clima de la Europa mediterránea ha favorecido la expansión de insectos y arácnidos portadores de enfermedades infecciosas. Las garrapatas se han visto favorecidas, además, por la globalización en el comercio de ganado. La complejidad de la ecología y del ciclo vital de las garrapatas, combinada con sus muchas interacciones con múltiples hospedadores presentes en los hábitats naturales, explica el crecimiento de muchas de sus poblaciones y el incremento de los problemas sanitarios asociados a estos artrópodos. Con los mosquitos ocurre algo parecido, ya que no solo el cambio climático ha favorecido su expansión, sino también los cambios en el uso del suelo, con zonas ajardinadas, piscinas y multitud de nuevos rincones que almacenan agua el suficiente tiempo como para que sus larvas acuáticas se conviertan en adultos picadores.

Las enfermedades transmitidas por mosquitos requirieron que estos se especializaran en picar a los humanos, algo bastante raro entre unos insectos que normalmente se alimentan de fluidos vegetales. Las causas precisas de este cambio de comportamiento son poco conocidas. Solo una de las cuatro familias de dípteros que llamamos comúnmente "mosquitos", la de los culícidos, es la que incluye a los principales mosquitos que se alimentan de sangre. Pero tanto entre los culícidos como entre los flebótomos (otro grupo de mosquitos hematófagos) es solo la hembra la que consume sangre; necesita hacerlo antes de cada puesta, ya que el alto valor nutritivo de la sangre le permite poner más y mejores huevos. Su aparato bucal es diferente al de los machos y está diseñado para perforar la piel de mamíferos, aves e incluso reptiles, y succionar su sangre. Al igual que las garrapatas, no solo succiona, sino que inocula microbios, virus y diversas moléculas que causan inflamación, previenen la coagulación de la sangre y generan cierta anestesia local. Entre las principales enfermedades que puede transmitir se encuentran la malaria, el dengue, el zika, el chikungunya, la fiebre del Nilo occidental y la fiebre amarilla. El grupo de los flebótomos puede transmitir la leishmaniasis.

FIGURA 7

Los vectores de enfermedades infecciosas como los mosquitos no paran de evolucionar. A medida que el ser humano se vuelve una fuente de alimento abundante, las distintas poblaciones del mosquito *Aedes aegypti* lo detectan y lo prefieren cada vez más. Esto se ha documentado bien en África con el crecimiento poblacional y el desarrollo de grandes ciudades.

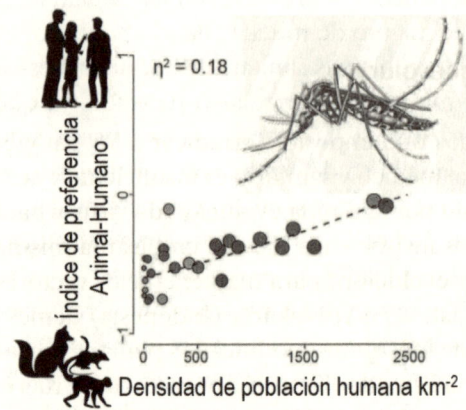

FUENTE: ADAPTADO DE ROSE *ET AL.* (2020).

La mayoría de las enfermedades transmitidas por mosquitos provienen de unas pocas especies que se han adaptado a los humanos. Se piensa que originalmente la picadura a los humanos evolucionó en los mosquitos como un subproducto de la reproducción en el agua almacenada por humanos, allí donde la sangre humana proporcionaba el único medio para sobrevivir a la larga y calurosa estación seca: las personas eran como plantas a las que sorber su savia. Sabemos que varias especies de mosquito se siguen adaptando con rapidez para sacarnos la sangre y dejarnos, sin habérselo propuesto, algunos patógenos y parásitos (figura 7). El mosquito *Aedes aegypti* va siendo cada vez más capaz de detectar el olor humano. Algunos estudios recientes muestran que los mosquitos que viven en zonas de mayor densidad de población humana son los que más prefieren el olor humano al de otros mamíferos. Los escenarios que se derivan de estos estudios son preocupantes. Las grandes ciudades africanas proyectadas para 2050 se las tendrán que ver probablemente con un mosquito cada vez más eficaz en la transmisión de enfermedades infecciosas debido, precisamente, a su capacidad de evolucionar y aprovechar mejor el alimento humano, cada vez más abundante y concentrado en estas urbes en expansión.

Aprovechando la coevolución

Si resulta poco menos que imposible erradicar a los patógenos, y nuestro arsenal médico y sanitario es insuficiente y acaba siendo desbordado por la rápida evolución de virus y bacterias, quizá debamos insistir en la idea de emplear la misma medicina (ecología y evolución) para mantener a los vectores a raya. Estudios iniciados en Yogyakarta (Indonesia) demostraron que la suelta de mosquitos modificados para ser portadores de una bacteria llamada *Wolbachia* provocaba un fuerte descenso de los casos de dengue en la ciudad. Estos resultados indican que la técnica *Wolbachia*, empleando este endosimbionte bacteriano específico de insectos que comenzó a desarrollarse en los años noventa, podría librar al mundo de algunas enfermedades mortales transmitidas por mosquitos. El control biológico de la transmisión por mosquitos de virus, bacterias y diversos patógenos empleando *Wolbachia* se probó con éxito en pequeños ensayos de campo. Poco después, también resultó exitoso en ensayos más grandes en Townsville (Australia), y se ha ido extendiendo a más de diez países a través del Programa Dengue. La aplicación de *Wolbachia* va más allá de limitar la transmisión del dengue y funciona con varios mosquitos, no solo con *Aedes aegypti*. Todos estos estudios han dado lugar a una iniciativa mundial sin ánimo de lucro conocida como World Mosquito Program (O'Neill, 2018). Para entender el programa, hay que entender un poco a *Wolbachia*.

Wolbachia es una bacteria que está presente de forma natural en el 40-60% de las especies de insectos. Algunas especies de insectos no pueden reproducirse, o incluso sobrevivir, sin ser colonizadas por esta bacteria. *Wolbachia* no es infecciosa, sino que se hereda por vía materna a través del huevo del insecto. Ha desarrollado mecanismos para transmitirse de forma muy eficaz a las poblaciones de hospedadores, favoreciendo que las hembras de insectos portadoras de *Wolbachia* dejen más descendencia que las no infectadas. En el caso de una cepa de *Wolbachia* capaz de acortar la vida del mosquito, se ha comprobado que puede usarse para controlar el virus del dengue mediante la eliminación de los insectos más viejos, que son los que contienen más parásitos. Además, algunas cepas de *Wolbachia* pueden reducir directamente la replicación del virus dentro del insecto. La estrategia de usar bacterias simbióticas para controlar los vectores de infecciones es un campo prometedor que ya está dando buenos resultados. Vemos, una vez más, que aliarse con la naturaleza puede venirnos muy a cuenta.

CAPÍTULO 6

Aprendiendo

La emoción de entender la complejidad encerrada en algo muy simple

Es realmente asombroso el papel profundo y radical que los virus y las bacterias han tenido no solo en la historia de la humanidad, sino en la evolución de la vida sobre la Tierra. Y solo conocemos apenas una parte de la biología y la ecología de menos del 0,01% de los virus y bacterias que se ha estimado que existen en el planeta hoy en día.

Los organismos microscópicos y en especial los virus, a pesar de su aparente simplicidad, son una constante fuente de novedad, emoción y sorpresa. En abril de 2021, un equipo de investigación chino liderado por la bióloga computacional Suwen Zhao publicó en la revista *Science* un artículo sobre un extraño ADN viral descrito originalmente por Kirnos y colaboradores ya en 1977. Este ADN, estudiado también por un grupo francés, desafiaba nuestra comprensión del código genético, del alfabeto de la vida, ya que el estudio mostró que este código no es tan universal como se creía. Para algunos, el genoma analizado parece proveniente de otro planeta. Esta investigación muestra que algunos de los virus que infectan bacterias (bacteriófagos) utilizan un alfabeto genético alternativo y diferente al código utilizado por todos los demás seres vivos.

Los científicos llevaban mucho tiempo soñando con aumentar la diversidad de bases, es decir, la diversidad de las "letras" o unidades que componen el código genético. La investigación china demuestra que la naturaleza ya ha ideado una forma de incrementar esa diversidad. El trabajo es fundamental, ya que apunta a toda una "biosfera en la sombra" y desafía nuestra interpretación de las bases moleculares de la evolución biológica (Callaway, 2021). No obstante, hay mucho trabajo que hacer. Esta historia no ha hecho más que comenzar, ya que hay muchas cosas que aún no se explican. Todavía no sabemos en este caso cómo funciona todo el sistema virus-bacteria en el que interaccionan dos ADN basados en códigos desiguales. No está claro cómo las bacterias que hospedan a estos virus mantienen su ADN sin alterar por un ADN, el del virus, escrito en otro código. Tampoco está claro cómo la maquinaria celular de la bacteria puede leer este ADN tan exótico, replicarlo y fabricar las proteínas virales correspondientes. Solo las preguntas ya son fascinantes.

Aprender sobre la diversidad de virus y bacterias es una experiencia increíble que nos lleva a explorar los orígenes de la vida y su capacidad de evolucionar. Pero es también una experiencia vital en su sentido más literal, ya que nos va la vida en ello. Necesitamos comprender dónde y cuándo aparecerá la próxima pandemia letal y cuáles serán las vulnerabilidades de los nuevos patógenos globales. A medida que los científicos descubren nuevas clases de virus, vamos siendo capaces de convertirlos en las mejores herramientas para transportar genes, controlar bacterias y hasta producir nanomateriales. Pero mientras todo esto ocurre, debemos aprender, por encima de todo, cómo evitar convertirnos en sus víctimas.

Hay mucho que aprender de los grandes hospedadores de virus

Los murciélagos llevan coexistiendo con los virus de forma intensa y sostenida durante mucho, mucho tiempo. La mayoría vive en grandes colonias y todos ellos permanecen hacinados gran parte del día en concentraciones solo superadas puntualmente por algunos otros mamíferos como el ser humano en ciertas ciudades. Es decir, viven en condiciones ideales para el contagio y la trasmisión de patógenos. Pero mientras que el ser humano comenzó a convivir con la tuberculosis, el tifus, la lepra, la peste, la difteria, la gripe o el sarampión hace apenas 4000 años, cuando saltaron masivamente desde cerdos, patos, cabras y vacas debido a la domesticación y al cambio a una vida sedentaria en el Neolítico, los murciélagos viven de este modo, conviviendo con todo tipo de virus y patógenos en grandes números, desde hace más de 65 millones de años. Además, nuestro hacinamiento masivo empezó en realidad hace apenas siglo y medio, con el surgimiento de las primeras ciudades realmente grandes. Para hacernos una idea, la población mundial de murciélagos porta alrededor de 3000 tipos diferentes de coronavirus, y cada especie de murciélago alberga un promedio de 2,7 coronavirus, la mayoría de las veces sin mostrar síntomas. Aunque solo sea por eso, algo sabrán los murciélagos de patógenos tras tantos años conviviendo con ellos.

Cada especie biológica está definida por su genoma (la suma de todo su material genético), pero a lo largo de su evolución, el genoma se expande y se encoge como un acordeón, debido en buena medida a unos genes que pasan fácilmente de una especie a otra, que se llaman transposones. Los murciélagos son grandes maestros en el manejo de estos transposones y desafían muchas reglas biológicas. Una de estas infracciones la cometen en la relación entre masa corporal y longevidad, ya que son muy pequeños para vivir tanto tiempo como viven. Algunos murciélagos llegan a vivir 40 años, pero incluso los que viven solo 20 son demasiado longevos para su minúscula talla, según la relación global entre talla y longevidad que se da en los mamíferos. Esa longevidad la consiguen a pesar de ser huéspedes de muchos virus mortales, incluidos los de la rabia, el ébola, Marburgo, Nipah y Hendra. ¿Cómo lo logran? No está del todo claro, pero parece resultar de una combinación de su gestión de los transposones y de un sistema inmune muy peculiar (Peinado y Sanz, 2020).

La primera gran sorpresa biológica de los murciélagos la aporta precisamente su gran tolerancia a virus muy peligrosos para los mamíferos. Incluso cuando se les inoculan experimentalmente esos virus, los murciélagos apenas muestran síntomas. La evolución de la inmunidad natural y general de los murciélagos a los virus ha sido un logro imprescindible para poder seguir viviendo hacinados en colonias grandes que mantienen en el mismo lugar durante mucho tiempo. La mayoría de los mecanismos moleculares que protegen a los murciélagos de la infección por virus podrían explicar en buena medida su gran longevidad. Una de las bases de la potente respuesta inmune de estos mamíferos voladores está basada en los interferones, un grupo de proteínas señalizadoras que son producidas por las células anfitrionas como respuesta a la presencia de diversos patógenos y células tumorales. El número de tejidos en los que los murciélagos generan interferones es mucho mayor que en los demás mamíferos.

Entre los mecanismos que protegen a los murciélagos del envejecimiento está su capacidad de controlar la inflamación. La inflamación impulsa muchas patologías relacionadas con la edad, como las enfermedades cardiovasculares, el cáncer, el alzhéimer y la diabetes, así que controlarla permite vivir más tiempo. La inflamación está disparada por virus, bacterias, células senescentes y productos que se generan al romperse o dañarse las células, y los murciélagos han encontrado diversas formas de mantener a raya este proceso. Por ejemplo, han logrado atenuar su reacción frente al ADN de origen vírico. Esta reacción se ha relacionado con enfermedades que llegan con la edad, como la aterosclerosis, la degeneración macular y la enfermedad de Parkinson, enfermedades que estos animales parecen tener muy controladas. Además, han aprendido a tolerar los fragmentos de ADN que se expulsan fuera del núcleo cuando las células envejecen. Estos fragmentos contienen transposones, que están implicados en enfermedades autoinmunes en humanos. Nuestros lejanos parientes voladores han adquirido una gran maestría en la gestión de transposones, y la promiscuidad genética derivada de ellos y de las infecciones virales no les supone ningún problema. Desarrollar nuevas terapias para tratar las enfermedades humanas que llegan con la edad, así como para hacer frente a las principales enfermedades emergentes (las zoonosis), requiere que veamos a los murciélagos como nuestros maestros y no como meros almacenes de patógenos.

Estamos recién comenzando a entender algunas de las complejas interacciones entre las pandemias y las alteraciones de la biodiversidad, pero hay otro factor más a considerar: los impactos del cambio climático, no ya sobre los vectores de enfermedades, sino sobre los huéspedes de patógenos. Concretamente, para el caso de los murciélagos se ha propuesto la hipótesis de que el cambio climático en el sudeste asiático ha impactado en la diversidad y distribución de estos mamíferos voladores, y con ello podría haber aumentado la probabilidad de que los coronavirus presentes en estos animales hayan dado lugar a la covid-19. Se piensa que el calentamiento global es el responsable de los cambios ecológicos en el sudeste asiático que han permitido a más de 40 especies de murciélagos trasladarse a esta región (Beyer, Manica y Mora, 2021). Y sabemos que los murciélagos nunca vienen de vacío.

¿Y si la covid-19 hubiera sido un accidente de laboratorio?

La idea de que el virus SARS-CoV-2, responsable de la covid-19, hubiera salido de un laboratorio, bien por accidente o bien por una intencionalidad oscura, cobró fuerza en varios momentos de la pandemia. En un largo y detallado artículo, Nicholas Wade, escritor y editor científico en *The New York Times* y en revistas como *Nature* o *Science*, revisó la evidencia de las tres teorías sobre el origen de la covid-19, inclinándose en aquel entonces por la del escape del laboratorio (Wade, 2021).

La teoría de que el virus SARS-CoV-2 hubiera saltado directamente a humanos desde los murciélagos estaba apoyada por el virólogo David Robertson. Sin embargo, el hecho de que los murciélagos no pudieran ser infectados a partir del virus encontrado en humanos, es decir, que el virus en su forma actual no pudiera saltar en las dos direcciones entre ambas especies, sembró importantes dudas sobre esta idea e hizo que se descartara en la práctica. La teoría más apoyada fue y sigue siendo la de que el virus saltó a humanos en el mercado de Wuhan, donde se vendían animales vivos que la habrían contraído a través de una cadena de contagios desde otras especies salvajes. Esta explicación fue apoyada sobre todo por Kristian G. Andersen, director de Genómica de Enfermedades Infecciosas en La Jolla, California.

Pronto surgiría una tercera teoría, la del escape del laboratorio, apoyada en la existencia del Instituto de Virología de Wuhan, ciudad que ha sido el auténtico epicentro de la covid-19. En este instituto se desarrollan nuevos virus capaces de infectar a humanos para estudiar los riesgos de futuras infecciones. La peligrosidad de que estos nuevos virus saltaran de hecho a los propios investigadores y al personal del instituto se veía aumentada por las irregulares medidas de seguridad que rodeaban al centro. Esta teoría ha sido explicada por Richard H. Ebright, biólogo molecular de la Universidad de Rutgers (EE UU). La historia de los virus que se escapan incluso de los laboratorios mejor gestionados es, por desgracia, larga. El virus de la viruela se escapó tres veces de los laboratorios de Inglaterra en los años sesenta y setenta, causando 80 casos y 3 muertes. Desde entonces, casi todos los años se han escapado virus peligrosos de los laboratorios. En tiempos más recientes, el virus del SARS1 ha demostrado ser un verdadero artista de la evasión, filtrándose de los laboratorios de Singapur, Taiwán y nada menos que cuatro veces del Instituto Nacional de Virología de China en Pekín.

La teoría del escape del laboratorio es tan seductora como difamatoria. Seductora porque permite todo tipo de especulaciones y hasta guiones cinematográficos sobre la conspiración china contra el orden mundial. Difamatoria porque pone sobre los hombros de un instituto científico el peso de los millones de muertes y de los extraordinarios impactos socioeconómicos globales derivados de la covid-19. La principal temeridad de esta seductora teoría fue derivar hacia un laboratorio el caso de esta pandemia histórica, haciéndonos olvidar, o al menos infravalorar, el riesgo de que los patógenos salten de los animales a la especie humana.

A las razonables y templadas dudas científicas sobre el origen exacto de la covid-19 le sucedieron toda una serie de estrategias y campañas de desinformación apoyadas particularmente por el entonces presidente de EE UU, Donald Trump, que provocaron fuertes tensiones entre su país y China, llegando a comprometer no solo el orden mundial sino el mismísimo desarrollo de la vacuna para la covid-19. La sensatez fue reinando otra vez cuando Trump abandonó la Casa Blanca en 2021 y las Naciones Unidas, organización de la que Trump siempre había renegado y de la que sacó a su país en julio de 2020, enviaron una comisión a revisar *in situ* las muestras, datos y pruebas que pudieran existir en China sobre el origen de la covid-19. Por suerte, la ciencia continuó su trabajo, se abrió paso entre las teorías conspirativas, y una parte de este tremendo embrollo se pudo aclarar a principios de 2022. Tres nuevos artículos aportaron evidencias sobre cómo, cuándo y dónde apareció el SARS-CoV-2. Los estudios han sido analizados y resumidos con gran claridad por Maxmen (2022), y la evidencia científica reafirmó la elevada probabilidad del mercado de Wuhan como origen de la zoonosis que derivó en la covid-19.

Lo que la polémica sobre el origen de la covid-19 nos ha ido enseñando

El expresidente de EE UU Joe Biden encargó a los servicios de inteligencia de su país un informe exprés sobre el origen de la covid-19 que se hizo público en agosto de 2021. A pesar de considerarse no concluyente, dejó abierta la teoría del escape del laboratorio. La actitud del gobierno chino, reacio a facilitar la investigación, encendía la imaginación y alentaba esta teoría del escape del laboratorio. El debate científico quedó oscurecido por la política. Para una creciente parte de la sociedad, la teoría del origen de laboratorio estaba promovida por razones políticas e intereses sociales, en analogía con la idea de la Administración Bush sobre la existencia de armas de destrucción masiva en Irak para justificar su invasión de este país.

Cuando la política emborrona el conocimiento científico, nos pone a todos en riesgo. Lo vimos durante la pandemia de la covid-19, no solo con las extravagancias del presidente Donald Trump en EE UU, que llegó a recomendar inyecciones de desinfectante para controlarla, sino también con el presidente Boris Johnson al cargo del gobierno británico, quien desoyó a la comunidad científica e ignoró la experiencia de otros países respecto al coronavirus para dar luego un bandazo y hacer caso a medias, con un coste importante en vidas, economía y bienestar (Santamaría *et al.*, 2020).

Sin tanta extravagancia, el FBI, tres años después del inicio de la pandemia, publicó en las redes sociales un comunicado discordante con la ciencia. El 1 de marzo de 2023 se hacía viral a los pocos minutos de su publicación un tuit del FBI que reabría la posibilidad de que el coronavirus se hubiera originado en un laboratorio de China, para regocijo de los conspiranoicos de todos los países. Como era de esperar, a las pocas horas, China respondería airada, "oponiéndose a la utilización del covid-19 para cualquier forma de manipulación política". Indudablemente, el tuit no fue casual. La geopolítica manda, y hacer de China un villano global tiene más influencia que la evidencia científica. No hubo ni una sola pieza objetiva de investigación que respaldara esa noticia. La irresponsabilidad política durante la covid-19, combinada con propaganda negacionista, ha causado centenares de miles de muertos en Brasil y EE UU, y decenas de miles en ciudades como Madrid (Campos y Equipo Ciencia Crítica, 2023). Hubo que rearmar los argumentos científicos, la visión crítica y la evidencia de los datos e investigaciones para descartar el origen antrópico de la covid-19 y neutralizar campañas como esta, provenientes del mismísimo FBI (Santamaría, Pérez y Valladares, 2023).

El debate sobre la fuga del virus SARS-CoV-2 de un laboratorio ha tenido al menos un resultado positivo: llamar la atención sobre los laboratorios autorizados a manipular algunos de los patógenos más peligrosos del mundo. Hemos tomado conciencia de que en algunos de estos laboratorios existe un vacío casi total de regulación. Se debería actuar rápidamente para crear un régimen de inspección independiente para los 59 laboratorios de nivel 4 de bioseguridad (el nivel máximo, adecuado para la manipulación de agentes que se transmiten por mecanismos poco conocidos o por vía aérea, que causan enfermedades muy graves y para los que no existe una profilaxis o tratamiento eficaz) repartidos actualmente por 23 países del mundo, especialmente si tenemos en cuenta que solo una cuarta parte de los países que albergan estas instalaciones tienen medidas de bioseguridad altas.

Figura 8
Una pandemia resulta de un cúmulo de factores, muchos de los cuales guardan relación con la degradación ambiental. Los efectos de esta degradación, y por tanto de los riesgos de infección, son amplificados por la globalización.

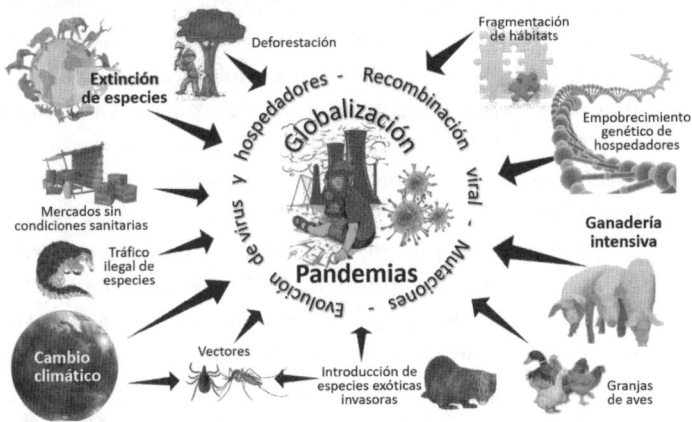

Fuente: Elaboración propia.

La covid-19 ha puesto en evidencia los estrechos vínculos que existen entre la salud humana y la salud animal. Esa es la principal lección. Lo más probable a día de hoy es que el SARS-CoV-2 sea el producto de las condiciones ecológicas que ha creado nuestra especie. Al igual que la apreciación de la importancia del clima para la salud ha desencadenado un giro medioambiental en la salud mundial, la pandemia debería amplificar aún más este giro ecológico. Las condiciones de vida de los organismos que interactúan entre sí y con su entorno son fundamentales para mejorar la preparación ante una pandemia. Por ello necesitamos acelerar ese giro ecológico mediante una transformación radical en nuestra concepción de la salud, conectándola con la de animales y plantas en el marco One Health planteado por las Naciones Unidas (figura 8).

El riesgo de nuevas pandemias, lejos de disminuir, aumenta

Utilizando estimaciones recientes de la tasa de aumento de la aparición de enfermedades a partir de reservorios zoonóticos asociados al cambio ambiental, se ha calculado que la probabilidad anual de aparición de epidemias extremas puede aumentar hasta tres veces en las próximas décadas. La probabilidad de experimentar pandemias similares a la de la covid-19 a lo largo de la vida de una persona es actualmente de alrededor del 38%, y podría duplicarse en las próximas décadas (Marani *et al.*, 2021). Muchos expertos advierten, además, de que pueden ser peores que la covid-19. No podremos luchar una a una contra todas las fuentes de enfermedad, contra todas y cada una de las posibles infecciones que son preocupación y amenaza para nuestra salud. Los retos que nos esperan en forma de zoonosis y pandemias deben hacernos reflexionar sobre nuestro modelo de civilización y nuestra relación con la naturaleza.

Es muy difícil predecir con exactitud dónde y cuándo saltará una nueva pandemia. Tenemos mapas con zonas de mayor probabilidad y vamos conociendo mejor a los patógenos nuevos que suponen riesgos para nuestra salud. Mientras mejoramos nuestra capacidad de anticipación y predicción, debemos extremar precauciones y estar alerta, sobre todo ante los casos más inquietantes. Y, por desgracia, no faltan casos inquietantes, como la nueva variante de viruela del mono o mpox, que ha pasado a varios países africanos tras expandirse en la República Democrática del Congo, llegando puntualmente a Europa. Es peligrosa, pero su baja transmisibilidad (se requiere contacto estrecho entre personas o con fluidos de enfermos) la mantiene principalmente en las zonas tropicales de África.

Tenemos, por desgracia, varios y muy buenos candidatos para una nueva pandemia. Por ejemplo el virus G4 en granjas industriales de cerdos en China, presente en los trabajadores de estas granjas. Un estudio de 2024 vuelve a apuntar a China y su gestión de los animales como una bomba de relojería pandémica (Domínguez, 2024). En este caso, se trata de las fábricas industriales de pieles que mantienen a los animales hacinados en cantidades astronómicas y condiciones sanitarias deficientes. En estas fábricas se han detectado 125 especies de virus, de las cuales 36 fueron nuevas para la ciencia y 39 presentaban un riesgo elevado de transmisión entre especies, incluido el contagio zoonótico a humanos. En particular, se encontraron siete especies de coronavirus, ampliando su gama de huéspedes conocidos, y se demostró la transmisión entre especies de un nuevo coronavirus respiratorio canino a perros mapache, y de coronavirus de murciélagos a visones. Se detectaron tres subtipos del virus de la gripe A en los pulmones de cobaya, visón y rata almizclera. No va a ocurrir, pero estas granjas chinas deberían cerrarse por el bien de todos.

Desde hace unos años, la OMS ha puesto los ojos en otro virus de la influenza, el H5N1, conocido como gripe aviar, que está acaparando los titulares de los periódicos de medio mundo por causar la muerte de millones de aves en todo el planeta, afectar a lugares tan remotos como la Antártida y ser capaz de dar el salto de aves a mamíferos, e incluso el salto de un mamífero a otro. Está cada vez más cerca de los humanos, como se ha visto con las vacas infectadas que pasaban el virus a través de la leche a gatos y pequeños carnívoros salvajes en EE UU. La notable infectividad, la rapidez de su evolución por mutaciones, la capacidad de extenderse globalmente mediante las aves migrantes y su presencia ya en mamíferos salvajes y domésticos podría permitirle al virus de la gripe aviar H5N1 una adaptación rápida a la especie humana. Hay quien piensa que hacen falta solo cinco mutaciones para que este virus pudiera adaptarse a humanos (Martínez, 2024). Es una lotería, complicada, sí, pero factible. Este H5N1 es sin duda un temible candidato para la próxima pandemia del siglo XXI.

Una población humana cada vez mayor y más conectada crea constantemente nuevas oportunidades para que los virus y las bacterias se propaguen una vez que alcanzan al ser humano. Por ello es sumamente importante centrarnos más en prevenir el salto de patógenos que en detener su propagación. Además, al peaje en vidas humanas que se deriva de las epidemias se suman unos costes económicos elevados, mucho mayores que los que supone reducir los riesgos de que se produzcan. Aunque ninguna intervención por sí sola evitará una pandemia, sabemos que las primeras y más eficientes medidas preventivas tienen que ver con cambios en la agricultura y la ganadería, y con el freno de la pérdida de biodiversidad y la degradación medioambiental. Aumentar las áreas protegidas y reducir la explotación de las regiones de alta biodiversidad permitiría disminuir el contacto entre la vida silvestre, el ganado y el ser humano, y por tanto reducir el riesgo de zoonosis. Otras medidas a considerar consistirían en incluir impuestos o gravámenes sobre el consumo de carne, la producción ganadera y otras actividades de alto riesgo pandémico.

Del mismo modo que se anticipan, monitorizan y simulan huracanes, su intensidad y su trayectoria más probable[7],

---

7. Véase el NHC (National Hurricane Center de la NOAA), disponible en https://lc.cx/q9P6oJ.

o se estudian los rumbos de cuerpos extraterrestres o interestelares que puedan entrar en la atmósfera terrestre y suponer un grave riesgo para los humanos[8], con una investigación multidisciplinar y una inversión económica sostenida durante años, es factible reducir el impacto de las pandemias que aún están por venir. Hay que entenderlo y hay que reunir voluntad social y política.

Las vacunas siempre llegarán tarde. Para cuando se tengan las vacunas correspondientes y el sistema sanitario esté preparado para hacer frente a estas nuevas enfermedades ya habrá muerto mucha gente. Cada día sabemos más, pero vamos más rápido generando problemas que generando herramientas para resolverlos. Por tanto, y por encima de todo, hay que cambiar nuestra relación con la naturaleza. Necesitamos respetarla, ya que la necesitamos rica y funcional, tanto para reducir el riesgo de pandemias como para contrarrestar nuestras muchas y peligrosas tropelías ambientales. Dañar la naturaleza es dañarnos a nosotros mismos. Es comprometer, no ya nuestro futuro, sino nuestro presente.

---

8. Vease el CNEOS (Center for Near Earth Object Studies de la NASA), disponible en https://lc.cx/iknQrF.

Bibliografía

ANDRADES, A. *et al.* (2022): "Stone Age Yersinia pestis genomes shed light on the early evolution, diversity, and ecology of plague", *PNAS*, 119(17), disponible en https://lc.cx/ZYstYe.

ANSEDE, M. (2022): "Ómicron es el virus con la propagación más rápida de la historia", *El País*, disponible en https://lc.cx/vxN66D.

ARNOLD, C. (2016): "Un virus infla los músculos de los machos —en ratones—", *Scientific American*.

BERNSTEIN, A. *et al.* (2022): "The costs and benefits of primary prevention of zoonotic pandemics", *Science*, 8(5), disponible en https://lc.cx/wmv4ul.

BEYER, R.; MANICA, A. y MORA, C. (2021): "Shifts in global bat diversity suggest a possible role of climate change in the emergence of SARS-CoV-1 and SARS-CoV- 2", *Science of the Total Environment*, 767, disponible en https://lc.cx/1GG7NE.

BOYLE, S. A. *et al.* (2021): "Small mammal glucocorticoid concentrations vary with forest fragment size, trap type, and mammal taxa in the Interior Atlantic Forest", *Scientific Reports*, 11(2111), disponible en https://lc.cx/B641xj.

CALLAWAY, E. (2021): "Weird viral DNA spills secrets to biologists", *Nature*, disponible en https://lc.cx/ETHqM9.

CAMPOS, A. y EQUIPO CIENCIA CRÍTICA (2023): "Diga lo que diga el FBI, el origen más probable del SARS-CoV-2 es zoonótico. Ciencia frente a geopolítica", *elDiario.es*, disponible en https://lc.cx/3fX-jI.

CATALÁN, P. (2021): "Cómo administrar los antibióticos para evitar que generen bacterias resistentes", *The Conversation*, disponible en https://lc.cx/PgLwHE.

CHALLENOR, S. y TUCKER, D. (2021): "SARS-CoV-2 induced remission of Hodgkin lymphoma", *British Journal of Haemathology*, 192(3), disponible en https://lc.cx/XzwZfb.

COFFMAN, K. *et al.* (2020): "A Mutualistic Poxvirus Exhibits Convergent Evolution with Other Heritable Viruses in Parasitoid Wasps", *Journal of Virology*, 94(10), disponible en https://lc.cx/MQxeY5.

CRIADO, M. A. (2020): "Los otros coronavirus que habitan entre los seres humanos", *El País*, disponible en https://lc.cx/MkOoE1.

DEAN, K. *et al.* (2018): "Human ectoparasites and the spread of plague in Europe during the Second Pandemic", *PNAS*, 115(6), pp. 1304-1309, disponible en https://lc.cx/aiYjIH.

DÍAZ, P. (2021): "La emergencia de enfermedades en la fauna silvestre, el síntoma de un planeta enfermo", *El País*, disponible en https://lc.cx/pIKz9U.

DOBSON, A. *et al.* (2020): "Ecology and economics for pandemic prevention", *Science*, 369, pp. 379-381, disponible en https://lc.cx/r2oXuq.

DOMINGO, N. y GALOCHA, A. (2020): "ARN, la molécula que puede sacarnos de esta pandemia", *El País*, disponible en https://lc.cx/Cxq5yZ.

DOMÍNGUEZ, N. (2024): "Descubren decenas de virus de 'alto riesgo' en granjas peleteras de China", *El País*, disponible en https://lc.cx/aVX6Ee.

DOUGHTY, C. *et al.* (2020): "Megafauna decline have reduced pathogen dispersal which may have increased emergent infectious diseases", *Ecography*, 43(8), disponible en https://lc.cx/7MnO_r.

Fernández, J. J. (1992): "Las epidemias de cólera del siglo XIX vistas por Pérez Galdós", Universidad de las Palmas de Gran Canaria, Memoria Digital 2005, disponible en https://lc.cx/84NTih.

Furuse, Y. *et al.* (2010): "Origin of measles virus: divergence from rinderpest virus between the 11th and 12th centuries", *Virology Journal*, 7(52), disponible en https://lc.cx/x0ADnN.

Galán, J. C. *et al.* (2006): "Bacterias con alta tasa de mutación: los riesgos de una vida acelerada", *Asociación Colombiana de Infectología*, 10, disponible en https://lc.cx/3_MxMf.

Gibb, R. *et al.* (2020): "Zoonotic host diversity increases in human-dominated ecosystems", *Nature*, 584, pp. 398-402, disponible en https://lc.cx/v5pYKw.

Green, M. (2020): "Emerging diseases, re emerging histories", *Centaurus*, 62, pp. 234-247, disponible en https://lc.cx/50DYfK.

Green, R. *et al.* (2010): "A Draft Sequence of the Neandertal Genome", *Science*, 328(5979), pp. 710-722, disponible en https://lc.cx/6cu1y8.

Gregory, A. *et al.* (2019): "Marine DNA viral Macro- and Microdiversity from Pole to Pole", *cell*, 177, pp. 1109-1123, disponible en https://lc.cx/GmMbgU.

Halliday, F. *et al.* (2019): "Past is prologue: host community assembly and the risk of infectious disease over time", *Ecology Letters*, 22(1), pp. 138-148, disponible en https://lc.cx/YdW16A.

Herrera, L. (2021): "Cien años buscando sin éxito una vacuna para la enfermedad infecciosa más mortal de la historia", *El País*, disponible en https://lc.cx/8o-USy.

IPBES (2020): "Workshop Report on Biodiversity and Pandemics of the Intergovernmental Platform on Biodiversity and Ecosystem Services", Secretaría del IPBES, Bonn, Alemania, disponible en https://lc.cx/gPP32Z.

Johnson, C. K. *et al.* (2020): "Global shifts in mammalian population trends reveal key predictors of virus spillover risk", *Proceedings of the Royal Society*, pp. 287-1924, disponible en https://lc.cx/cvKdSf.

Jones, K. E. *et al.* (2008): "Global trends in emerging infectious diseases", *Nature*, 451, pp. 990-993, disponible en https://lc.cx/m_BrWQ.

Kaila, I. y Mäkinen, J. H. (2021): "Finlandia tiene una vacuna para la covid desde hace nueve meses y optó por la 'Big Pharma'", *CTXT*, disponible en https://lc.cx/gBWILy.

Keesing, F. *et al.* (2006): "Effects of species diversity on disease risk", *Ecology Letters*, 9, pp. 485-498, disponible en https://lc.cx/BHrqoG.

Kucharski, A. (2020): *Las reglas del contagio*, Madrid, Capitán Swing.

Larrazabal, I. (2011): *El paciente ocasional: una historia social del sida*, Madrid, Editorial Península.

Lemos, L. N. *et al.* (2021): "Amazon deforestation enriches antibiotic resistance genes", *Soil Biology and Biochemistry*, 153, disponible en https://lc.cx/dgDqpl.

Lebovici, E. (2020): *Sida*, Barcelona, Arcadia y Macba, 159 pp.

López-Bueno, A. *et al.* (2009): "High diversity of the viral community from an Antarctic lake", *Science*, 326, pp. 858-861, disponible en https://lc.cx/WVdqTq.

López-Goñi, I. (2021): "SARS-CoV-2: Dr Jekyll y Mr Hyde", *MicroBIO*, disponible en https://lc.cx/hIJov-.

Lucas, A. *et al.* (2020): "Serology and Behavioral Perspectives on Ebola Virus Disease Among Bushmeat Vendors in Equateur, Democratic Republic of the Congo, After the 2018 Outbreak", *Open Forum Infectious Diseases*, 7(8), disponible https://lc.cx/UuXcPB.

Machalaba *et al.* (2020): "Urgent Needs for Global Wildlife Health", *EcoHealth Alliance*, disponible en https://lc.cx/GaUB6c.

Malhi, Y. *et al.* (2016): "Megafauna and ecosystem function from the Pleistocene to the Anthropocene", *PNAS*, 113(4), pp. 838-846, disponible en https://lc.cx/46k5DT.

Marani, M. *et al.* (2021): "Intensity and frequency of extreme novel epidemics", *PNAS*, 118(35), disponible en https://lc.cx/k879l8.

MARTÍNEZ, A. (2024): "Elisa Pérez Ramírez, viróloga: 'Estamos a cinco mutaciones de que la gripe aviar se contagie entre humanos'", *elDiario.es*, disponible en https://lc.cx/SWI0dQ.

MARTÍNEZ, P. (2020): "Una epidemia de la representación", en E. Levovici, *Sida*, Barcelona, Arcadia y Macba.

MAXMEN, A. (2022): "Wuhan market was epicentre of pandemic's start, studies suggest", *Nature*, 603, pp. 15-16, disponible en https://lc.cx/XF2UXs.

MCCARTHY, E. F. (2006): "The Toxins of William B. Coley and the Treatment of Bone and Soft-Tissue Sarcomas", *Iowa Orthopaedic Journal*, 26, pp. 154-158, disponible en https://lc.cx/pLKpBy.

MORI, A. (2020): "Advancing nature-based approaches to address the biodiversity and climate emergency", *Ecology Letters*, 23(12), pp. 1729-1732, disponible en https://lc.cx/P0s7ZI.

MOURA DA SOUSA, J. *et al.* (2017): "Multidrug-resistant bacteria compensate for the epistasis between resistances", *PLOS Biology*, 15(4), e2001741, disponible en https://lc.cx/3vMiIX.

NAIDOO, R. y FISHER, B. (2020): "Reset Sustainable Development Goals for a pandemic world", *Nature*, 583, pp. 198-201, disponible en https://lc.cx/7hzrH_.

O'NEILL, S. (2018): "The Use of Wolbachia by the World Mosquito Program to Interrupt Transmission of *Aedes aegypti* Transmitted Viruses", en R. Hilgenfeld y S. G. Vasudevan (eds.), *Advances in Experimental Medicine and Biology*, 1062, disponible en https://lc.cx/x25r1U.

OMS (2017): "Cómo responder en público a los negacionistas vehementes de la vacunación: guía de mejores prácticas", WHO/EURO, disponible en https://lc.cx/_HI7AC.

OSTFELD, R. (2009): "Biodiversity loss and the rise of zoonotic pathogens", *Clinical Microbiology and Infection*, 15(S1), disponible en https://lc.cx/xCK-Vx.

PEINADO, M. y SANZ, J. M. (2020): "Inmunidad y longevidad: tenemos mucho que aprender de los murciélagos", *The Conversation*, disponible en https://lc.cx/EQ9hyO.

PEÑALVER, E. *et al.* (2017): "Ticks parasitised feathered dinosaurs as revealed by Cretaceous amber assemblages",

Nature communications, 8(1924), disponible en https://lc.cx/CF7ScD.

Pérez, R. y Equipo Ciencia Crítica (2012): "La importancia evolutiva de aplanar la curva de la covid-19", *elDiario.es*, disponible en https://lc.cx/HTdIyq.

Randolph, S. E. y Dobson, A. D (2012): "Pangloss revisited: a critique of the dilution effect and the biodiversity-buffers-disease paradigm", *Parasitology*, 139, pp. 847-863, disponible en https://lc.cx/S9yXqI.

Reaser, J. K. *et al.* (2021): "Ecological countermeasures for preventing zoonotic disease outbreaks: when ecological restoration is a human health imperative", *Restoration Ecology*, 24(4), disponible en https://lc.cx/ovIH0W.

Rivas, R. (2020): "Superbacterias: un peligro real, presente y futuro", *The Conversation*, disponible en https://lc.cx/YgLT5q.

Roche, B. *et al.* (2020): "Was the covid-19 pandemic avoidable? A call for a 'solution-oriented' approach in pathogen evolutionary ecology to prevent future outbreaks", *Ecology Letters*, 23, pp. 1557-1560, disponible en https://lc.cx/ho-YVk5.

Rohr, J. R. *et al.* (2020): "Towards common ground in the biodiversity-disease debate", *Nature Ecology & Evolution*, 4, pp. 24-33, disponible en https://lc.cx/dcq0WX.

Rose, N. *et al.* (2020): "Climate and Urbanization Drive Mosquito Preference for Humans", *Current Biology*, 30, pp. 3570-3579, disponible en https://lc.cx/3yb1K4.

Roura, S. (2021): "La historia original de las vacunas que todos deberíamos conocer", *El País*, disponible en https://lc.cx/CgmGXi.

Ruiz-Núñez, C. *et al.* (2022): "Bots' Activity on covid-19 Pro and Anti-Vaccination Networks: Analysis of Spanish-Written Messages on Twitter", *Vaccines*, 10(8), 1240, disponible en https://lc.cx/p8O3Xs.

Sáez, A. (2016): "La peste Antonina: una peste global en el siglo II d. C", *Revista chilena de infectología*, 33(2), disponible en https://lc.cx/YmoKeF.

SÁEZ, R. (2015): "Qué hay de nuevo con nuestro ADN neandertal", *Nutcracker Man*, disponible en https://lc.cx/T7FLcN.

— (2020): "Riesgo de COVID-19 por hibridación con neandertales, ¿qué significa?", *Nutcracker Man*, disponible en https://lc.cx/uEhTdN.

SAMPEDRO, J. (2023): "El virus nos da una clase de ciencias", *El País*, disponible en https://lc.cx/kAM1rB.

SANTAMARÍA, L. *et al.* (2020): "Los bandazos del gobierno británico con el coronavirus nos ponen en peligro a todos", *elDiario.es*, disponible en https://lc.cx/L4wd_L.

SANTAMARÍA, L.; PÉREZ, R. y VALLADARES, F. (2023): "Oportunidad y oportunismo, pero no evidencia: más argumentos para descartar el origen antrópico del virus de la covid-19", *elDiario.es*, disponible en https://lc.cx/RtjPQy.

SOUILMI, Y. *et al.* (2021): "An ancient viral epidemic involving host coronavirus interacting genes more than 20 000 years ago in East Asia", *Current Biology*, 31(16), disponible en https://lc.cx/9nLK8q.

SPINNEY, L. (2017): *Pale Rider: The Spanish Flu of 1918 and How it Changed the World*, Londres, Jonathan Cape.

SUN, H. *et al.* (2020): "Prevalent Eurasian avian-like H1N1 swine influenza virus with 2009 pandemic viral genes facilitating human infection", *PNAS*, 117(29), disponible en https://lc.cx/U1YmI7.

TANNER, E. *et al.* (2019): "Wolves contribute to disease control in a multi-host system", *Scientifics Reports*, 9(7940), disponible en https://lc.cx/wBICvQ.

TANSEY, T. (2017): "Influenza: A viral world war", *Nature*, 156, pp. 207-208, disponible en https://lc.cx/bqcsSI.

TEJEDOR, M. T. (2021): "¿Para qué sirven los virus?", *The Conversation*, disponible en https://lc.cx/4HD_Nk.

VALLADARES, F. (2020): "El coronavirus nos obliga a reconsiderar la biodiversidad y su papel protector", *elDiario.es*, disponible en: https://lc.cx/bx8S--.

VARLIK, N. (2020): "¿Cómo acaban las epidemias? La historia nos dice que las enfermedades remiten pero es raro que desaparezcan", *The Conversation*, disponible en https://lc.cx/1NUF8P.

VILLARREAL, L. (2004): "Can viruses make us human?", *Proceedings of The American Philosophical Society*, 148(3), pp. 296-323.

— (2009): "Persistence pays: how viruses promote host group survival", *Current Opinion in Microbiology*, 12, pp. 467-472, disponible en https://lc.cx/lFdB3G.

— (2016): "Viruses and the placenta: the essential virus first view", *APMIS*, 124(20-30), disponible en https://lc.cx/zHewq7.

WADE, N. (2021): "The origin of covid: Did people or nature open Pandora's box at Wuhan?", *Bulletin of the Atomic Scientists*, disponible en https://lc.cx/pBxj-c.

YARZÁBAL, L. A.; SALAZAR, L. M. B. y BATISTA-GARCÍA, R. A. (2021): "Climate change, melting cryosphere and frozen pathogens: Should we worry…?", *Environmental Sustainability*, 4, pp. 489-501, disponible en https://lc.cx/0Gw5ix.

YATES, H. (2021): "Cuba será covid-free: cinco vacunas y suma y sigue", *CTXT*, disponible en https://lc.cx/C7u8oa.

ZHOU, Z. *et al.* (2023): "Association between particulate matter (PM)2·5 air pollution and clinical antibiotic resistance: a global analysis", *The Lancet*, 7(8), e649-e659, disponible en https://lc.cx/dhTxnp.

Títulos de la colección
¿Qué sabemos de?